SketchUp Pro 2018
环艺设计案例教程

中文全彩铂金版

万卫青　唐坤剑　龙舟君 / 主编

U0244482

中国青年出版社

图书在版编目(CIP)数据

SketchUp Pro 2018中文全彩铂金版环艺设计案例教程/万卫青,唐坤
剑,龙舟君主编. — 北京:中国青年出版社,2019.10
ISBN 978-7-5153-5722-5

I.①S… II.①万… ②唐… ③龙… III.①环境设计-计算机辅助设计-
应用软件-教材 IV.①TU-856

中国版本图书馆CIP数据核字(2019)第166225号

策划编辑 张 鹏
责任编辑 张 军

**SketchUp Pro 2018中文全彩铂金版
环艺设计案例教程**
万卫青 唐坤剑 龙舟君 / 主编

出版发行: 中国青年出版社
地   址: 北京市东四十二条21号
邮政编码: 100708
电   话: (010)50856188 / 50856189
传   真: (010)50856111
企   划: 北京中青雄狮数码传媒科技有限公司
印   刷: 湖南天闻新华印务有限公司
开   本: 787 x 1092 1/16
印   张: 12.5
版   次: 2019年10月北京第1版
印   次: 2019年10月第1次印刷
书   号: ISBN 978-7-5153-5722-5
定   价: 69.90元(附赠2DVD,含语音视频教学+案例素材文件+PPT电子
          课件+海量实用资源)

本书如有印装质量等问题,请与本社联系 电话:(010)50856188 / 50856189
读者来信: reader@cypmedia.com   投稿邮箱: author@cypmedia.com
如有其他问题请访问我们的网站: http://www.cypmedia.com

Preface 前言

首先，感谢您选择并阅读本书。

软件介绍

SketchUp也就是我们常说的"草图大师"，是一款直接面向设计方案创作过程的设计工具，其创作过程不仅能够充分表达设计师的思想，而且完全满足与客户即时交流的需要。使用该软件，设计师可以直接在电脑上进行十分直观的构思，是三维环艺设计方案创作的优秀工具，现广泛应用于室内设计、建筑设计、园林景观设计以及城市规划等诸多领域。

内容提要

本书以理论知识结合实际案例操作的方式编写，分为基础知识和综合案例两个部分。

基础知识篇共5章，对SketchUp软件的基础知识和功能应用进行了全面的介绍，按照逐渐深入的学习顺序，从易到难、循序渐进地对软件的功能应用进行讲解。在介绍软件各个功能的同时，会根据所介绍功能的重要程度和使用频率，以具体案例的形式，拓展读者的实际操作能力。综合案例篇共4章内容，通过4个精彩的实战案例，对使用SketchUp进行室内设计、建筑设计、庭院设计和花园广场设计的实现过程进行详细讲解，有针对性、代表性和侧重点。通过对这些实用案例的学习，使读者真正达到学以致用的目的。

赠送超值学习资料

为了帮助读者更加直观地学习本书，可以关注"未蓝文化"微信公众号，直接在对话窗口回复关键字"SketchUp全彩铂金"，获取本书学习资料的下载地址。本书的学习资料包括：

- 全部实例的素材文件和最终效果文件；
- 书中案例实现过程的语音教学视频；
- 海量设计素材；
- 本书PPT电子教学课件。

使用读者群体

本书将呈现给那些迫切希望了解和掌握应用SketchUp软件进行环境艺术效果设计的初学者，也可作为提高用户设计和创新能力的指导，适用读者群体如下：

- 各高等院校及高职高专相关专业的师生；
- 参加各类设计及工程培训的学员；
- 室内外效果图制作人员；
- 对SketchUp环境艺术设计感兴趣的读者。

本书在写作过程中力求谨慎，但因时间和精力有限，不足之处在所难免，敬请广大读者批评指正。

编　者

Contents 目录

Part 01 基础知识篇

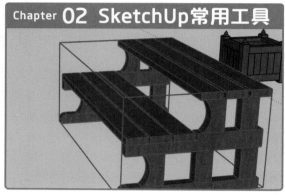

Chapter 03 SketchUp高级工具

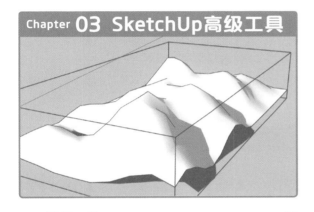

Chapter 04 材质与贴图

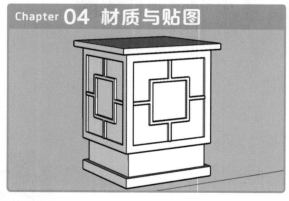

Chapter 05 文件的导入和导出

Part 02 综合案例篇

Chapter 06 新中式室内效果设计

Chapter 07 咖啡馆建筑效果设计

Chapter 08 私家庭院效果设计

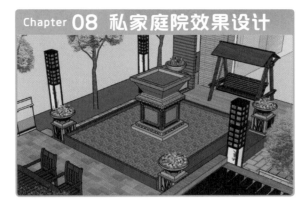

Chapter 09 花园广场效果设计

Part 01

基础知识篇

基础知识篇共5章，主要对SketchUp Pro 2018软件的基础知识和功能应用进行了全面介绍，包括软件的入门知识、常用绘图工具的应用、高级绘图工具的应用、材质与贴图的应用以及文件的导入与导出等。在介绍软件功能的同时，结合丰富的实战案例，让读者全面掌握SketchUp三维建模技术。

‖Chapter 01　SketchUp快速入门　　　　‖Chapter 02　SketchUp常用工具

‖Chapter 03　SketchUp高级工具　　　　‖Chapter 04　材质与贴图

‖Chapter 05　文件的导入和导出

Chapter 01　SketchUp快速入门

本章概述

本章将对SketchUp软件的基本应用进行初步介绍，使用户了解软件的功能特点，并对软件的界面组成、视图控制、对象选择以及模型信息设置等进行详细介绍，通过对本章知识的学习，使用户掌握SketchUp软件的一些基本使用方法和操作技巧。

核心知识点

❶ 了解SketchUp软件的功能特点
❷ 了解SketchUp软件的工作界面
❸ 熟悉SketchUp的视图控制操作
❹ 掌握SketchUp对象的选择操作

1.1　初识SketchUp

在园林景观设计和建筑设计中，一份好的方案通常需要通过精美的效果图来展现，传统手工绘图不仅费时费力，更改起来更是麻烦。如今，建筑设计类软件不仅能够辅助设计，也日益成为各种效果设计的主要手段。而本书中介绍的SkerchUp则是建筑辅助设计类软件中的翘楚。从最初的SketchUp 1.0到SketchUp 5.0，最终发展到SketchUp Pro 2018。SketchUp Pro 2018以其简易的操作、精细的表现能力、强大的拓展功能，牢牢占领了3D方案设计领域的顶峰。SketchUp Pro 2018的开始界面如下图所示。

1.1.1　SketchUp简介

SketchUp是由Last Software公司研发的一款基于3D建模的设计软件。自上个世纪50年代初期美国诞生了第一台计算机绘图系统，3D绘图在60年代由麻省理工大学提出交互式图形学的研究计划，当时由于硬件设施昂贵，只有美国通用汽车公司和美国波音公司使用自行开发交互式绘图系统。随着电脑科技的日益发展，微型计算机开始进入建筑行业，电子绘图逐步替代传承千年的手工绘图。电子绘图由其便利性、易修改性、环保性、便携性和其它适应工业化的建造活动的特性逐渐渗透建筑行业的各个方面。

自Last Software工作室着手成立SketchUp项目部开始，一种新的设计思路呈现在公众面前：超脱于纸质方案设计，在电脑辅助设计领域使亿万设计行业从业者能在电脑上肆意挥洒自己的创意，不必拘泥于CAD中对于尺寸的追求，先从宏观完成设计，再细化相关细节、逐步深入，从而完成整个设计过程。且能够将完成的设计实时地向客户呈现，及时交流，提升工作效率。

Google公司在2006年3月收购SketchUp及其开发公司Last Software。SketchUp 是一套以简单易用著称的3D绘图软件，Google收购SketchUp是为了增强Google Earth的功能。让使用者可以利用SketchUp建造3D模型并放入Google Earth中，使得Google Earth所呈现的地图更具立体感、更接近真实世界，如右图所示。SketchUp的用户可以通过Google 3D Warehouse的网站寻找并分享各式各样通过SketchUp建造的模型。

2012年4月26日，Google宣布已将其SketchUp 3D建模平台出售给TrimbleNavigation。SketchUp是全球最受欢迎的3D模型之一，2011年就构建了3000万个模型，可以在互联网上查找到相关的模型交流网站数量更是十分庞大。

SketchUp是一套令人耳目一新的设计工具，它能带给建筑师边构思边表现类似手工绘图的极佳创作体验，打破了传统设计方式的束缚，可快速形成建筑草图创作建筑方案，被称为最优秀的建筑草图工具。它的出现，是建筑设计领域的一次大革命。

> **提示：SketchUp的应用领域**
>
> SketchUp目前主要应用于：园林景观设计、建筑方案设计、城市规划、定位、海上导航、工业设计、室内设计、3D打印、木工工程等诸多领域。
>
> Google和Trimble这两家公司使得SketchUp在各个行业的应用也更加全面：
>
> ● Google加强了SketchUp在定位、建筑、海上导航等设备的位置与定位技术，并将SketchUp的技术带给了更多人，比如木工艺术家、电影制作人、游戏开发商或工程师等，让更多人知道了SketchUp有这么一种技术。Google Earth通过SketchUp强大的地形绘制功能和建筑绘制功能，增强了Google Earth地球模型的仿真性，并进一步推广了SketchUp应用的广度和深度。
>
> ● 与Trimble的整合给SketchUp带来了更多的机会，带给那些真正需要这个平台的人或者真正能利用这个平台的人能开发更多新功能，让平台变得越来越好。

1.1.2　SketchUp软件的特点

目前SketchUp已经牢牢占据了三维设计软件在方案设计领域的顶峰，其凭借广泛性、简易性、专业性、通用性、高效性和直观性的特点，正在向着更广阔的应用领域和应用深度拓展。

1. 广泛性

在AEC软件应用程序领域中，特别是针对设计历程的探索，SketchUp已经居于领导地位，世界各地的许多公司与学校皆采用此工具进行设计工作，从业余设计、居家环境的改善，到大型且复杂的住宅区、商业区、工业区与都会区等计划，皆可用此工具进行设计，并获得立体视觉化的效果。

2. 简易性

SketchUp是相当简便易学的强大工具，即便是不熟悉计算机的设计师也能通过简单操作完成自己的方案。SketchUp融合了铅笔优美与自然的笔触，可以迅速地构建、显示和编辑三维建筑模型。喜欢手绘素描的设计者，在使用过CAD工具之后常会觉得麻烦而泄气。此时，他们会爱上SketchUp的独特性与绘图方法，用简易的推拉来解决二维与三维的转化与更改。在此环境中，使用者不需要学习种类繁多、功能复杂的指令集，因为SketchUp通过一套精简而强健的工具集和一套智慧的导引系统，大大简化了3D绘图的过程，让使用者专注于设计。

3. 专业性

SketchUp是一款直接面向设计方案创作过程的软件，而不是只面向渲染成品或施工图纸的设计工具。其创作过程与设计师用手工绘制构思草图的过程类似，因此能够充分发挥设计师自身的设计水平，且能满足设计师与客户即时交流的需要。与此同时，由于SketchUp巨大的用户基础，带来的各种插件满足了用户的各方面需求，如商业级效果图、光照效果展示等。

4. 通用性

SketchUp具有强大的软件接口，能够与各种主流设计软件进行数据交换，如AutoCAD、3ds Max、AechiCAD、Piranesi、Revit等。随着SketchUp软件的普及，越来越多的软件推出了与之相关的导入、导出插件，从而与它更好地兼容。

5. 高效性

SketchUp建筑师在制作设计方案时，经常会遇到在不同软件中重复建模的低效工作问题。因为一般情况下建筑师会使用AutoCAD完成平面图的绘制，然后在3ds Max中建立三维模型。这样，为了一个方案不得不在两个软件中进行重复操作，这就是"二次建模"问题产生的根源。"二次建模"不仅使得设计环节变得十分复杂，而且浪费大量的设计时间。而SketchUp则不同，建模时，平面图与三维图形只需在一个软件中进行"一次"操作即可完成，大大缩短建模的时间。

6. 直观性

在使用SketchUp进行三维设计时，可以实现"所见即所得"的效果，在设计过程中的任何阶段都可以作为直观的三维成品来观察，并且可以快速切换不同的显示风格。下左图为建筑的贴图显示效果，下右图为建筑的消隐显示效果。

 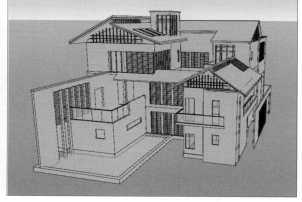

1.2　SketchUp的工作界面

SketchUp以简易明快的操作风格，在三维设计软件中占据着一席之地，其简洁的操作界面，让初学者非常容易上手。SketchUp Pro 2018默认的工作界面主要由标题栏、菜单栏、工具栏、状态栏、数值输入框以及中间的绘图区等构成，如下图所示。

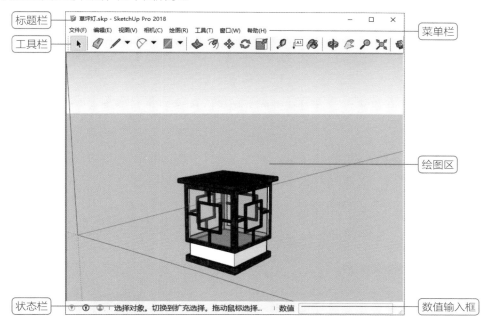

1.2.1　标题栏

标题栏位于SketchUp绘图窗口的最顶端，用于显示当前打开文件的名称和软件版本等信息。在标题栏的最右侧有三个窗口控制按钮，用于控制应用程序窗口的最小化、最大化/向下还原和关闭操作，如下图所示。

用户启动SketchUp软件并且标题栏中当前打开的文件名为"无标题"时，系统将显示空白的绘图区，表示用户尚未保存自己的项目文件。

1.2.2　菜单栏

菜单栏位于标题栏的下方，包含了SketchUp中绝大部分的命令，和其他基于Windows操作平台下的软件一样，SketchUp也是使用下拉菜单来对菜单栏中的各种命令进行分门别类地显示。

菜单栏中的功能命令主要用于对项目文件本身进行操作，主要由"文件"、"编辑"、"视图"、"相机"、"绘图"、"工具"、"窗口"和"帮助"8个主菜单组成。用户可以直接单击某个菜单项，或按住Alt键的同时按下菜单项对应的字母，打开对应的下拉菜单。例如，按住Alt键的同时按下R键，可打开"绘图"下拉菜单。打开"绘图"下拉菜单后，若某选项右侧标有▸符号，表示该菜单下还有下一级子菜单，如下图所示。

1.2.3　主工具栏

SketchUp的工具栏是浮动窗口，用户可随意摆放，一般以纵横两种形式存在。默认状态下仅有横向工具栏，主要包含的是软件入门绘图的一些工具组按钮，如下图所示。

用户可以通过在菜单栏中执行"视图＞工具栏"命令，在打开的"工具栏"对话框中根据个人绘图需要调出或者关闭某些工具栏，如下左图所示。在"工具栏"对话框的"工具栏"选项卡下勾选相应的复选框，将调出纵向工具栏，如下右图所示。

 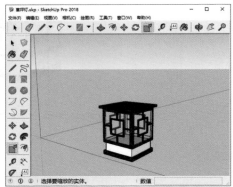

1.2.4　绘图区

绘图区又叫绘图窗口，占据了SketchUp工作界面的大部分空间，用于创建和编辑模型。SketchUp的绘图区非常简洁，不同于Maya、3ds Max等三维软件的平、立、剖及透视等多视口显示方式，SketchUp仅设置了单视口。用户可以通过对应的工具按钮或快捷键进行视图切换，有效地节省了系统显示的负载，如下图所示。

1.2.5　状态栏

SketchUp的状态栏位于界面的左下角，用于显示命令提示和状态信息，是对命令的描述和操作的提示，这些信息会随着对象的改变而改变。当光标在软件操作界面上移动时，状态栏会有相应的文字提示，根据这些提示用户可以更方便地操作软件，如下图所示。

1.2.6 数值输入框

在SketchUp操作界面右下角的数值输入框中，用户可根据当前的作图情况输入"长度"、"距离"、"角度"、"个数"等相关的数值，进行精确建模。

选择矩形工具后，在确定第一个点❶尚未确定第二个点之前，在数值输入框中输入矩形的长度和宽度值❷，如下左图所示。然后按下Enter键，即可完成矩形的创建❸，如下右图所示。

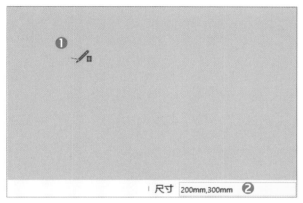
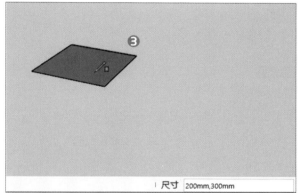

实战练习 创建适合自己的操作界面 ────────────────●

使用SketchUp进行绘图时，用户可以根据实际需要创建一个适合自己的操作界面，以便更有效地提高绘图效率，下面介绍具体操作方法。

步骤 01 打开SketchUp软件，单击"选择模板"按钮❶，选择所需的长度单位作为建造模型的计量单位，这里选择毫米作为模板❷，然后单击"开始使用SketchUp"按钮❸，如下左图所示。

步骤 02 进入软件后，若界面所显示的工具无法满足进行建造模型的基本需要，可以在界面中添加更多的工具以供使用。首先选择"视图"菜单（快捷键为Alt+V）❶，在弹出的下拉列表中选择"工具栏"选项❷（快捷键为T），如下右图所示。

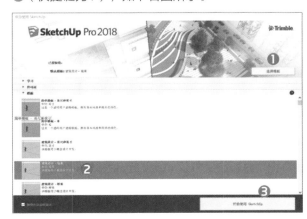
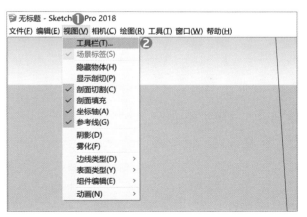

步骤 03 将打开"工具栏"对话框，切换至"工具栏"选项卡❶，在"工具栏"列表框中用户可以根据实际需要勾选相应的复选框❷，来添加对应的工具，然后单击"关闭"按钮❸，如下左图所示。

步骤 04 此时会发现软件界面比较混乱，用户可以拖动各个工具栏，将其移动到合适的位置，以方便绘图时的分类和使用。将工具栏拖动至界面上左和右边缘等待一会，工具会自动嵌入其中，如下右图所示。

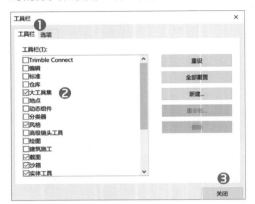 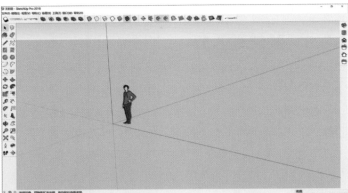

步骤 05 嵌入界面后，单击工具栏上方（放在左右界面）或者左方（放在上界面）的虚线可以再次移动这些工具的位置，如下图所示。关闭软件后下次打开SketchUp时，界面依旧会如上次关闭时一样。

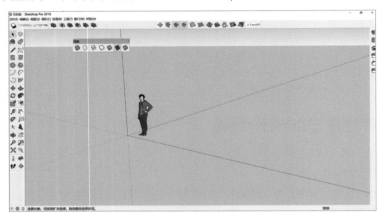

1.3　SketchUp 视图控制

在使用SketchUp 2018进行三维模型创建时，常用"平面图"、"立面图"和"剖面图"来表达三维设计的构思。在3ds Max等其他三维设计软件中，通常用3个平面视图加上一个三维视口来作图，这样处理的好处是直接明了，但是会占用大量的系统资源。本节将对SketchUp中视图控制的相关操作进行详细介绍。

1.3.1　切换视图

在进行三维模型制作时，经常需要进行视图间的切换，在SketchUp中主要是通过视图工具栏中的6个视图按钮进行快速切换。用户可以在菜单栏中执行"视图❶>工具栏❷"命令，如下左图所示。打开"工具栏"对话框❶，在"工具栏"列表框❷中勾选"视图"复选框❸，然后单击"关闭"按钮❹，调出视图工具栏❺，如下右图所示。

在视图工具栏中，从左到右依次为等轴视图、俯视图、前视图、右视图、后视图和左视图，用户可以单击所需的视图切换按钮，进行视图的切换，如下图所示。

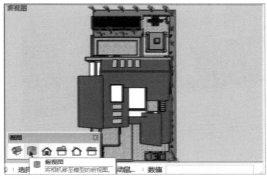

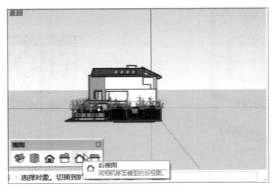

提示：通过菜单命令进行视图切换

用户可以在菜单栏中执行"相机>标准视图"子菜单中的命令，进行相应视图的切换。

1.3.2　旋转视图

在SketchUp中进行模型的创建和编辑时，通过旋转操作可以快速观察模型各个角度的效果。用户可以单击相机工具栏中的"环绕观察"按钮或按住鼠标中键不放，如下左图所示。在屏幕上旋转视图，从不同的角度观察模型，如下右图所示。

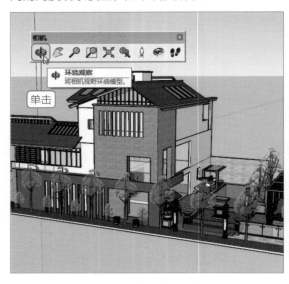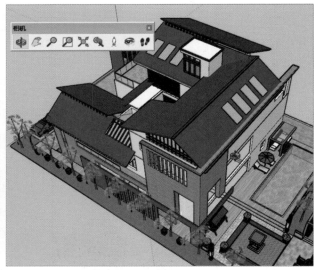

1.3.3　缩放视图

模型创建完成后，用户可以应用SketchUp相机工具栏中的缩放工具调整模型在视图中的显示大小，从而对模型的整体或局部细节进行观察。

1. 缩放相机的视野

单击相机工具栏中的缩放按钮，如下左图所示。按住鼠标左键不放，从屏幕下方向上方移动可以扩大视图，如下中图所示。按住鼠标左键不放，从屏幕上方向下移动可以缩小视图，如下右图所示。

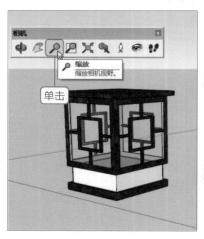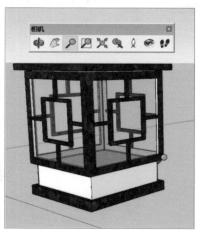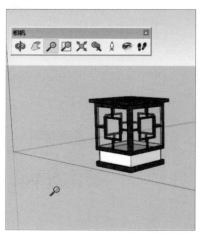

2. 缩放窗口

单击相机工具栏中的"缩放窗口"按钮，如下左图所示。然后在视图中划定一个区域即可进行缩放，如下右图所示。

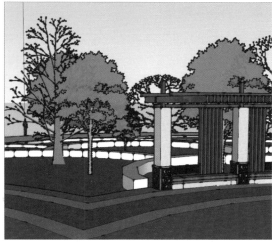

> **提示：快速执行缩放操作**
>
> 默认设置下，SketchUp缩放工具的快捷键为Z。用户可以滚动鼠标滚轮，进行缩放操作。在执行视图操作时，若出现误操作，可以单击相机工具栏中的"上一个"按钮 🔍，进行视图的撤销与返回。
>
> 缩放窗口默认的快捷键为Ctrl+Shift+W。

3. 充满视窗

单击相机工具栏中的"充满视窗"按钮 ✖，如下图所示。

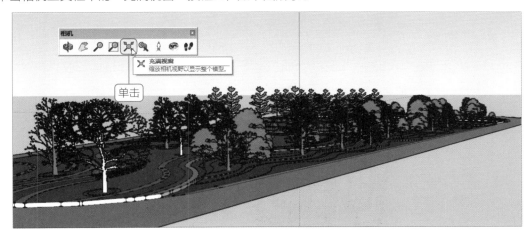

此时可以快速地将场景中所有可见模型以屏幕中心为中心进行最大化全景显示，如下图所示。

1.3.4　平移视图

使用SketchUp的平移视图功能，可以保持当前视图内模型的显示大小和比例不变，整体拖动视图进行任意方向的调整，查看当前未显示在视图窗内的模型。

单击相机工具栏中的"平移"按钮，如下左图所示。此时鼠标指针将变成抓手形状，拖动鼠标即可进行视图的平移操作，如下右图所示。

1.4　SketchUp对象的选择

进行模型创建后，若要对模型进行深入的细化操作，需要先选择目标对象。在SketchUp中，常用的对象选择方式有一般选择、框选与叉选以及扩展选择3种，本节将分别进行介绍。

1.4.1　一般选择

模型创建完成后，用户可以单击工具栏中的"选择"按钮或直接按下键盘上的空格键来激活选择工具，如下左图所示。然后单击模型上需要选择的对象，即可将其选中，如下右图所示。

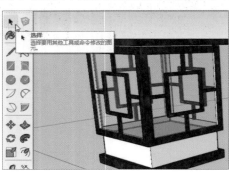 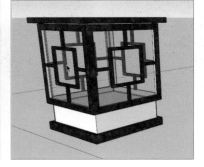

选择一个对象后，若要继续选择其他对象，则首先要按住Ctrl键，此时鼠标指针会变成 形状，单击下一个要选择的对象，即可将其同时选择，如右图所示。

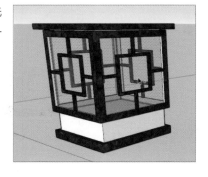

提示：通过快捷菜单选择更多对象

单击选择对象后，用户可以右击鼠标右键，在弹出的快捷菜单中选择"选择"命令，然后在子菜单中选择所需的选项，进行更多对象的选择操作，如右图所示。

1.4.2　框选与叉选

一般选择对象的方法是使用鼠标单击进行选择，每次只能选择单个对象，而使用框选和叉选功能可以一次性地选择多个对象。

1. 框选对象

激活选择工具后，按住鼠标左键从左至右绘制实线选择框，如下左图所示。绘制完成后松开鼠标左键，此时在选择框中的对象将全部被选中，如下右图所示。

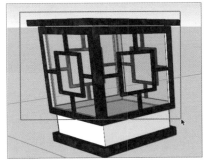 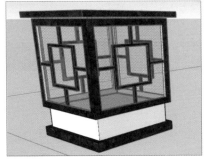

提示：取消选择

选择完成后，单击视图中任意空白区域，即可取消当前的所有选择。

2. 叉选对象

激活选择工具后，按住鼠标左键从右至左绘制虚线选择框，如下左图所示。绘制完成后松开鼠标左键，此时与该虚线选择框有交叉的对象将全部被选中，如下右图所示。

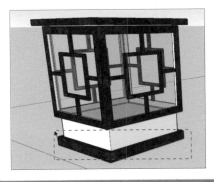 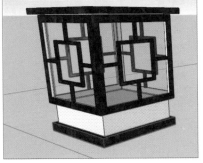

提示：快速全选所有对象

用户可以在绘图区中按下Ctrl+A组合键，此时将选中所有的对象，不管该对象是否显示在当前的视图范围内。

1.4.3 扩展选择

在SketchUp中，"线"是最小的可选择对象，而"面"则是由"线"组成的基本建模单位，用户可以通过扩展选择方式快速选择关联的线或面。

在对象的某个"面"上单击，则这个面会被单独选择，如下左图所示。双击某个"面"，则与该面相关的线将同时被选中，如下中图所示。三击某个"面"，则与该面相关的其他面与线都将同时被选中，如下右图所示。

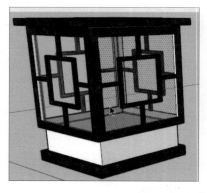 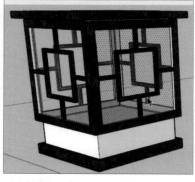 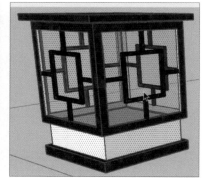

1.5 模型信息设置

通常用户喜欢打开软件后就开始模型绘制，其实这种方法是错误的。因为大多数工程设计类软件，如3ds Max、AutoCAD、ArchiCAD、MicroStation等，在默认情况下都是以英制为绘图的基本单位，所以绘图的第一步应该进行绘图环境的设置，并按每个人的个人使用习惯进行相关工具位置的摆放。在此基础上进行绘图工作能达到事半功倍的效果。

要设置模型信息，则在"窗口"菜单列表❶中选择"模型信息"命令❷，如下左图所示。此时将打开"模型信息"对话框，如下右图所示。

在"模型信息"对话框中，用户可以切换到"尺寸"选项面板，设置模型尺寸标注的样式；在"单位"选项面板中，可以设置文件默认的绘图单位和角度单位；在"地理位置"选项面板中，可以设置模型所处的地理位置和太阳的方位，以便更准确模拟光照和阴影效果；在"动画"面板中，可以设置页面切换的过渡时间和场景延迟时间；在"文本"选项面板中，可以设置屏幕文字、引线文字和引线的字体颜色、样式和大小等；在"渲染"选项面板中，可以设置纹理的性能和质量。

上机实训：设置软件的绘图背景与天空颜色

在使用SketchUp进行模型创建时，用户可以根据自己的需要和喜好设置绘图背景与天空的颜色，具体操作步骤如下。

步骤 01 打开SketchUp后，默认的天空与背景颜色如下左图所示。

步骤 02 在"窗口"菜单❶下选择"默认面板"命令❷，在子菜单中勾选"风格"选项❸，如下右图所示。

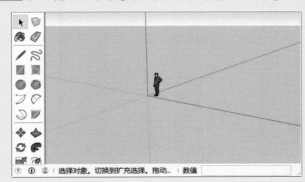

步骤 03 在"默认面板"面板中的"风格"选项区域中切换到"编辑"选项卡❶，在"背景设置"子选项卡❷下单击"背景"颜色设置按钮❸，在打开的"选择颜色"对话框中设置背景颜色❹后，单击"确定"按钮❺，如下左图所示。

步骤 04 然后单击"天空"颜色设置按钮❶，打开"选择颜色"对话框，设置天空颜色❷后，单击"确定"按钮❸，如下右图所示。

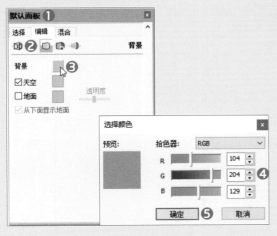
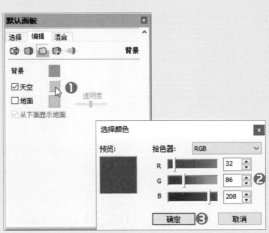

步骤 05 设置完成后，查看绘图背景与天空颜色，如右图所示。

课后练习

1. 选择题

（1）菜单栏中的功能命令主要用于对项目文件本身进行操作，主要由"文件"、"编辑"、"视图"、"（　　）"、"绘图"、"工具"、"窗口"和"帮助"8个主菜单组成。

A. 布局　　　　　　　B. 相机　　　　　　　C. 设计　　　　　　　D. 图层

（2）以下不是SketchUp标题栏最右侧的窗口控制按钮的是（　　）。

A. 关闭　　　　　　　B. 最小化　　　　　　C. 向下还原　　　　　D. 移动

（3）用户可以单击相机工具栏中的"环绕观察"按钮或按住（　　）不放，在屏幕上旋转视图，从不同的角度观察模型。

A. 鼠标左键　　　　　B. 鼠标右键　　　　　C. 空格键　　　　　　D. 鼠标中键

（4）用户若在绘图区中按下（　　）组合键，将选中所有的对象，不管该对象是否显示在当前的视图范围内。

A.Shift+Z　　　　　　B. Shift+A　　　　　　C. Ctrl+A　　　　　　D. Ctrl+Z

2. 填空题

（1）SketchUp目前主要应用于_____、_____、_____、_____、_____ 等诸多领域。

（2）在视图工具栏中，从左到右依次为_____、_____、_____、_____、_____ 和_____，用户可以单击所需的视图切换按钮，进行视图的切换。

（3）在SketchUp中，常用的对象选择方式有_____、_____以及_____3种。

（4）SketchUp Pro 2018默认工作界面十分简洁，主要由_____、_____、_____、_____、_____以及_____等构成。

（5）SketchUp Pro 2018软件具有_____、_____、_____、_____、_____ 和_____等特点。

3. 上机题

模型创建完成后，用户可以应用不同的模型显示模式来进行查看，下左图为材质贴图显示模式，下右图为单色显示模式。

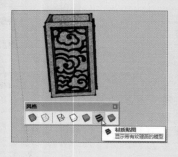 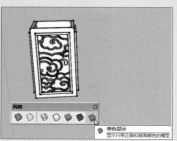

操作提示

在菜单栏中执行"视图>工具栏"命令，在打开的"工具栏"对话框中勾选"风格"复选框，调出"风格"工具栏。

Chapter 02 SketchUp常用工具

本章概述

本章将对SketchUp软件的绘图工具、图形编辑工具和尺寸的测量与标注工具等进行详细介绍，使用户通过本章知识的学习，掌握使用SketchUp软件进行建模的基本使用方法和操作技巧。

核心知识点

❶ 掌握绘图工具的应用
❷ 掌握图形的编辑操作
❸ 掌握模型的尺寸测量和标注方法
❹ 熟悉模型制作的操作技巧

2.1 绘图工具

SketchUp的绘图工具包括"直线"、"手绘线"、"矩形"、"圆形"、"圆弧"和"扇形"等7种。熟练掌握这7种工具的应用，可以帮助用户快速有效地完成平面建模，为之后的三维模型建立打下基础。

2.1.1 直线工具

直线是用于绘制模型最基本的构成，在SketchUp中使用直线工具可以绘制单端直线、多端线或者闭合的面，同时用户还可以利用直线来分割面、制作坐标或者修复面等其他操作。

1. 绘制直线

选择工具箱中的直线工具后，单击鼠标左键确定直线的起点，根据鼠标指针的位置控制直线的方向，再次单击鼠标左键确定直线的终点，软件右下角的数值控制框显示的数值为线段的长度，如下左图所示。

用户也可以选择直线工具后，单击鼠标左键确定直线的起点，根据鼠标指针位置控制直线的方向，在右下角数值框中输入一个具体的长度值和单位，确定直线长度，输入完成后按下Enter键，即可生成一个指定长度的直线（按住Shift键可以锁定线轴），如下右图所示。

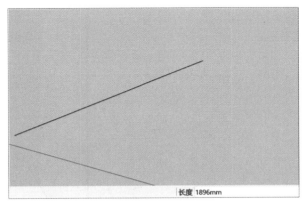
长度 1896mm

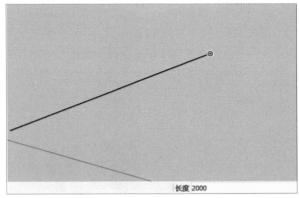
长度 2000

2. 创建面

在SketchUp中，面可以用来创立三维模型和赋予材质。三条及以上的共面直线相连可以创建一个面，所有直线确定在同一面并且都是首尾相连，在闭合的时候可以看到"端点"的提示，如下左图所示。

连接所有直线后，直线内部会产生一个面，并且直线工具处于空闲状态，用户可以直接绘制别的直线，如下右图所示。

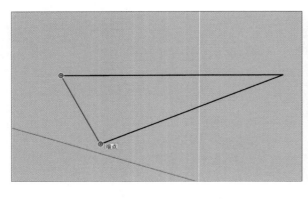
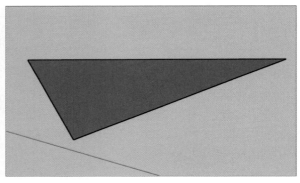

3. 分割线段

用户在绘制直线时，绘制的多条直线产生交点便会将直线在交点处断开，分割为多段线。

首先绘制一条直线，如下左图所示。在这条直线上任意位置绘制一条新的直线便可以将其分为两段，如下右图所示。将分割的直线删除后，被分割的直线会恢复成一条直线。

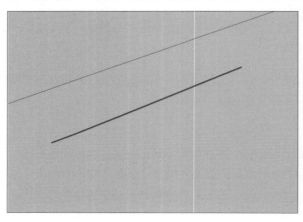
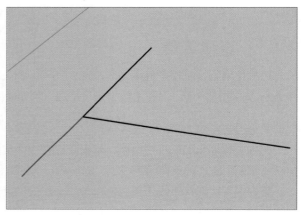

4. 分割面

通过绘制一条两个端点在一个平面不同边的线，可以分割平面。

首先绘制平面，如下左图所示。将一条直线起点定在平面左边线、终点定在平面右边线，已有平面就会变成两个，如下右图所示。不是平面周边一部分的线会显示为粗线，形成平面会变为细线。

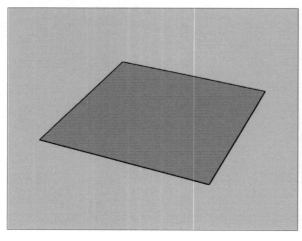
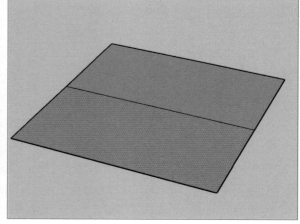

5. 修复面

若由于误删或者系统故障等原因，有些直线首尾相连无法形成平面时，用户可以激活直线工具重新描一下其中的线，以形成面。下左图是由四条边线组成的矩形，没有形成平面。使用直线工具重新描左边线，可以重新形成平面，如下右图所示。

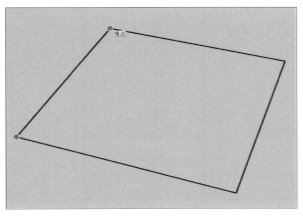 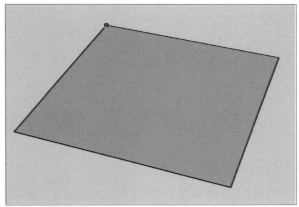

6. 绘制与X、Y、Z轴平行的直线

在SketchUp中，X轴为红线、Y轴为绿线、Z轴为蓝线，在制作模型时三个轴线起到重要作用，掌握绘制与三条轴线平行的线可以更准确快速地进行建模。

激活直线工具，随意选择一点作为起点，移动鼠标指针直至其变成与轴线对应的颜色，同时鼠标指针边会显示"在X色轴线上"的提示字样，接着按住Shift键可以锁定在这个轴上进行直线绘制，如下图所示。

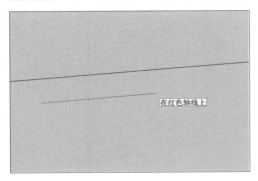  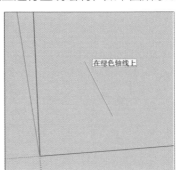

7. 直线的捕捉和追踪功能

选择直线工具后，鼠标指针可以精确地捕捉到线的中点、端点、交点以及圆的中心，这些点可以帮助用户更精确地制作模型。选择直线工具，将鼠标指针移动至寻找点的大致位置并移动，直至鼠标指针处显示中点、端点、交点或圆的中心，如下图所示。

   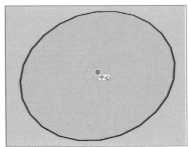

8. 等分线段

使用直线工具可以将线段等分为若干段，方便建模使用。例如，将线段三等分，则首先选中线段并单击鼠标右键，在弹出的快捷菜单中选择"拆分"命令，如下左图所示。移动鼠标指针，直至直线显示分为3段，如下右图所示。

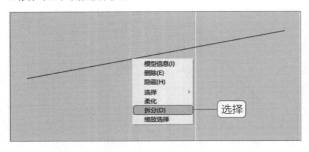 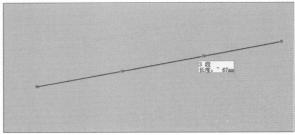

2.1.2 矩形工具

矩形工具是通过定位两个点来绘制矩形并自动封闭成面，用户可以单击"绘图"工具栏中的█按钮来执行矩形命令。

1. 绘制矩形

选择矩形工具后，单击确定矩形的第一个角点，然后拖动鼠标指针以确定矩形的另一个角点，再次单击鼠标左键，如下左图所示。即可完成矩形的绘制，如下右图所示。选择矩形工具后按住Ctrl键，SketchUp将会把第一个点确定为矩形中心。

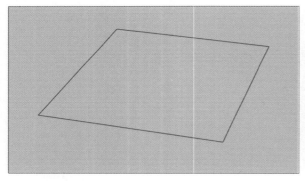 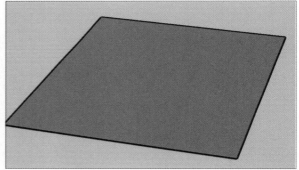

在拖动第二个交点时，当长宽比满足黄金分割比率或相等时，矩形中出现一条虚线表示对角线，鼠标指针处会出现"黄金分割"或者"正方形"的文字提示，如下图所示。

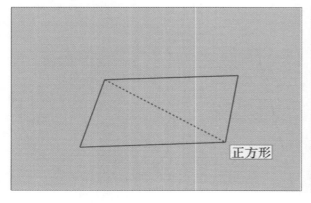 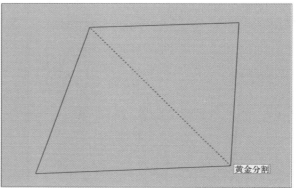

使用矩形工具时，在确定第一个点、尚未确定第二个点之前输入长度和宽度值，右下角的尺寸会对应的显示，如下左图所示。然后按下Enter键，即可完成矩形的创建，如下右图所示。

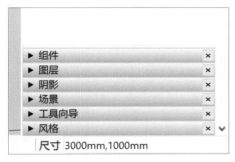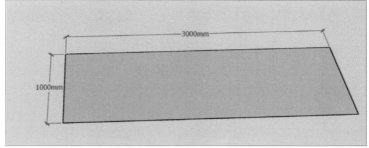

2. 在已有的平面上绘制矩形

激活矩形工具，将鼠标指针放置在一个面上，当鼠标指针附近出现"在平面上"的提示文字时，确定第一个点在平面上，如下左图所示。然后移动鼠标指针以确定第二个点，即可将矩形分成两个面，如下右图所示。

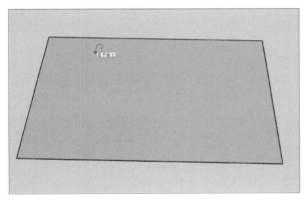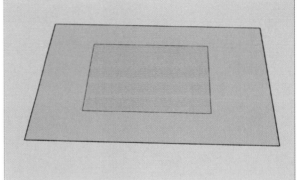

2.1.3 圆形工具

SketchUp中没有严格意义上的圆，使用圆形工具其实是绘制多边形以达到圆形的效果。用户可以选择圆形工具后，通过边数、圆心和半径的设置，来制作一个圆的面。

单击"绘图"工具栏中的 ● 按钮后，单击确定圆心，然后移动鼠标指针以确定圆的半径，如下左图所示。再次单击鼠标左键即可完成圆形的绘制，如下右图所示。选择圆形工具后，用户可以设置边数，边数越多，绘制的面越接近圆。

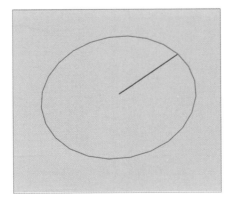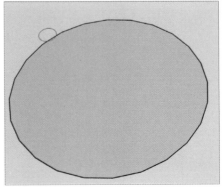

2.1.4 圆弧工具

在SketchUp中，圆弧工具包括圆弧、两点圆弧、三点画弧和扇形四种。用户可以单击工具栏中的 ⁊、
⌀、⌀和⌀按钮，或者在菜单栏中执行"绘图>圆弧"子菜单中的命令，执行相应的圆弧绘制操作。

1. 圆弧：从中心和两点绘制圆弧

激活圆弧工具⁊，第一个点为圆弧心，如下左图所示。移动鼠标指针，确定第二个点为圆弧半径
（直接输入长度也可以确定圆弧半径），如下中图所示。第三个点确定弧长（直接输入度数可以确定圆弧
长），如下右图所示。

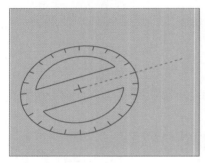 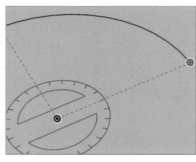 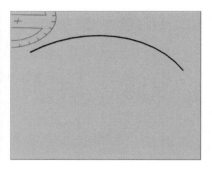

2. 圆弧：根据起点、终点和凸起部分绘制圆弧⌀

激活第二个圆弧工具⌀，第一个点为起点，如下左图所示。第二个点确定圆弧终点，如下中图所示。
第三个点确定弧高，如下右图所示。

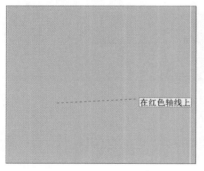 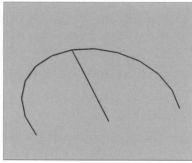 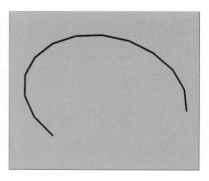

3. 3点画弧：通过圆周上的3点绘制圆弧⌀

激活第三个圆弧工具，第一个点为起点，如下左图所示。第二个点确定圆弧上一个点，如下中图所
示。第三个点确定弧的终点，如下右图所示。

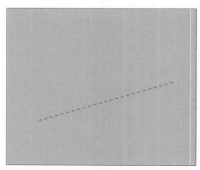 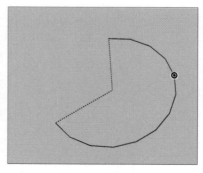 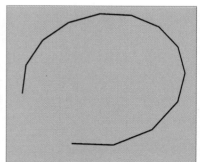

4. 扇形：从中心和两点绘制闭合圆弧

激活扇形工具，第一个点为圆弧心，如下左图所示。第二个点确定圆弧半径（输入长度可确定圆弧半径），如下中图所示。第三个点确定弧长以确定扇形面（输入度数可确定圆弧长），如下右图所示。

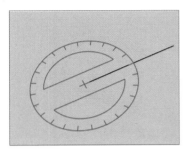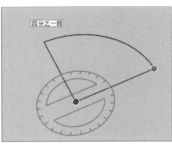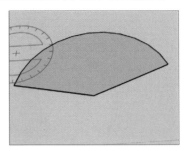

实战练习 创建指示牌模型

学习了SketchUp直线工具、矩形工具、圆形工具和圆弧工具的应用后，下面将通过创建指示牌模型的操作过程，介绍这些工具的实际应用，具体操作步骤如下。

步骤 01 首先使用矩形工具，创建一个1050mm*100mm的矩形，然后使用推拉工具向上推1000mm，如下左图所示。

步骤 02 使用直线工具分别在距离矩形上边线170mm和矩形左边线200mm处绘制两条直线并使其相交，效果如下右图所示。

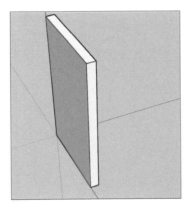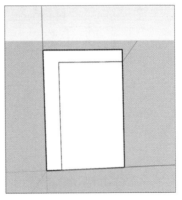

步骤 03 在矩形左上角使用圆弧工具绘制合适的弧度并将其向里推拉100mm，如下左图所示。

步骤 04 使用圆弧工具沿左内边线绘制合适的弧度作为装饰，使用推拉工具向外推40mm，效果如下右图所示。

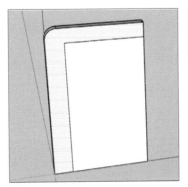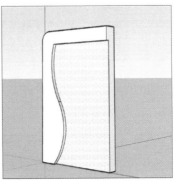

步骤 05 使用圆形工具绘制一个半径为120mm的圆形，使用推拉工具向上推拉20mm，如下左图所示。

步骤 06 使用偏移工具将圆形向外偏移10mm，使用推拉工具向外推拉10mm，然后使用文字工具输入所需的文字，调整合适的大小放入其中并将其成组，如下右图所示。

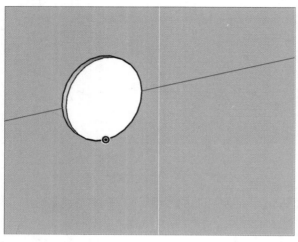

步骤 07 使用移动工具将标志放到指示牌合适的位置，如下左图所示。

步骤 08 使用文字工具在指示牌上方输入合适的文字，如下右图所示。

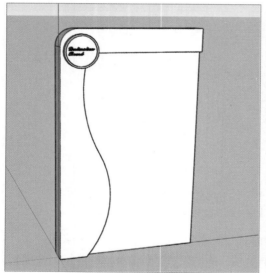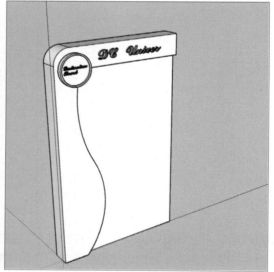

步骤 09 使用矩形工具制作800mm*150mm的矩形，使用推拉工具向上推20mm，如下图所示。

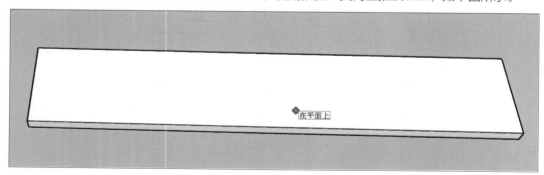

步骤 10 在矩形左侧使用圆弧工具绘制合适的弧度，然后使用推拉工具向下推20mm，并使其成组，如下左图所示。

步骤 11 使用复制工具将其复制，然后使用移动工具将其放在指示牌的合适位置，如下中图所示。

步骤 12 使用文字工具在指示牌上输入所需的文字后，效果如下右图所示。

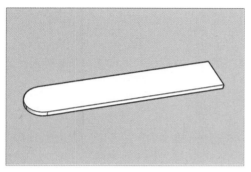
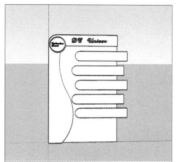
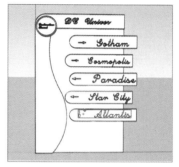

2.1.5　多边形工具

在SketchUp中，使用多边形工具可以绘制边数在3到100之间的任意多边形，用户可以在绘图工具栏中单击◉按钮，也可以在菜单栏中执行"绘图>形状>多边形"命令，调用多边形工具。

激活多边形工具后，单击确定圆心，然后移动鼠标指针以确定半径，如下左图所示。再次单击鼠标左键，即可完成多边形的绘制，如下右图所示。选择多边形工具后，用户可以直接在软件右下角的数值框中输入边数值，边数越多，多边形越接近圆。

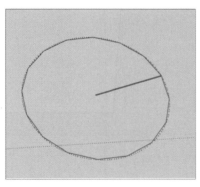
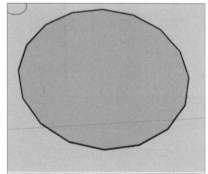

2.1.6　徒手画笔工具

徒手画笔工具常用来绘制不规则的、共面的曲线形体，用户可以在绘画工具栏中单击≈按钮激活该工具。

激活徒手画笔工具后，按住鼠标左键并拖曳绘制所需的曲线，释放鼠标左键即可完成绘制，如右图所示。

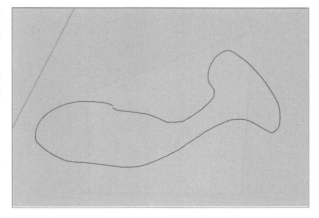

2.2　三维图形编辑工具

SketchUp的图形编辑工具包括移动工具、推拉工具、旋转工具、跟随路径工具、缩放工具和偏移复制工具等6种，熟练掌握这些工具的应用，可以帮助用户快速有效地完成模型的编辑操作。

2.2.1　移动工具

在SketchUp中，使用移动工具可以移动、拉伸或复制物体，用户可以在绘图工具栏单击 ✥ 按钮，或在菜单栏中执行"工具>移动"命令，调用移动工具。

1. 线、面的移动

使用移动工具可以随意对线、面进行移动。移动时，与之相关的线和面也会产生改变，以达到所需的效果。下面介绍对矩形的线和面分别移动产生的效果，选中矩形的一个边线，如下左图所示。向上移动边线，效果如下右图所示。

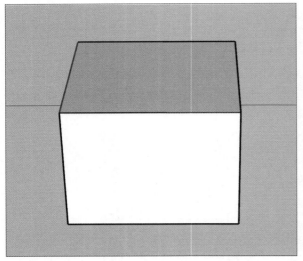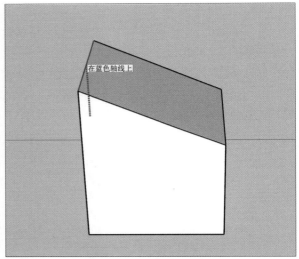

选中顶面，如下左图所示。向上移动顶面，效果如下右图所示。

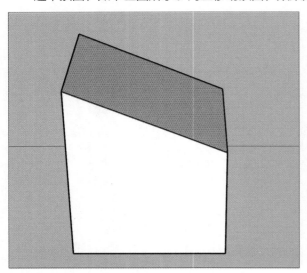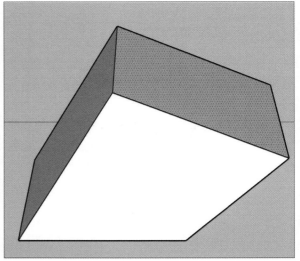

2. 对象的移动

全选需要移动的物体，然后激活移动工具，单击物体上的一个点进行移动（推荐物体的角点，较好操作），如下左图所示。再次单击的位置为所选点经过移动所在的位置，如下右图所示。

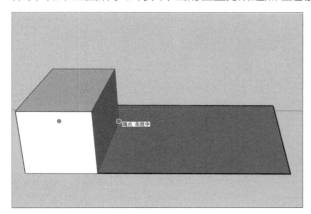
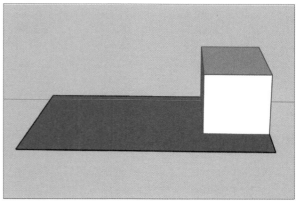

3. 对象的复制

在SketchUp中，复制功能是通过移动工具来实现的。激活移动工具后，在移动物体同时按住Ctrl键，可以起到复制效果，如下左图所示。移动时松开鼠标左键完成一次复制，松开Ctrl键结束复制操作，如下右图所示。

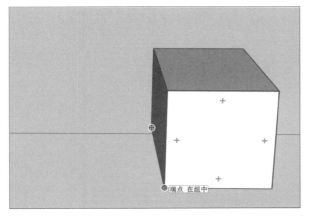
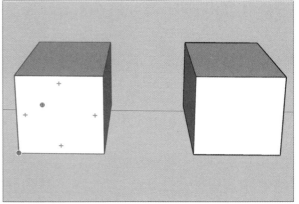

完成一次物体的复制操作，如下左图所示。输入"*所需复制的个数"，如"*3"，SketchUp会等距离复制三个物体，如下右图所示。

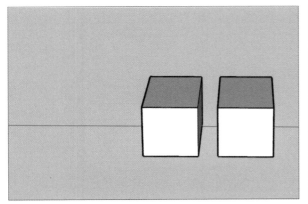
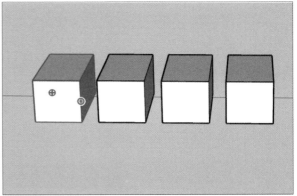

　　完成一次物体的复制操作，如下左图所示。输入"/所需复制的个数"，如"/3"，SketchUp会将两者之间的距离三等分，同时复制三个物体，如下右图所示。

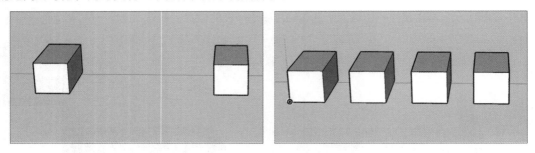

2.2.2　旋转工具

　　在SketchUp中，使用旋转工具可以对单个物体、多个物体或物体中的某一部分进行旋转，用户还可以将旋转工具和移动工具组合使用，从而制作出所需的模型。

1. 对象的旋转

　　全选需要旋转的物体，单击三维绘图工具栏中的 ◎ 按钮，即可激活旋转工具。此时单击的第一个点为旋转的轴心，如下左图所示。单击第二个点确定旋转轴的方向，如下右图所示。

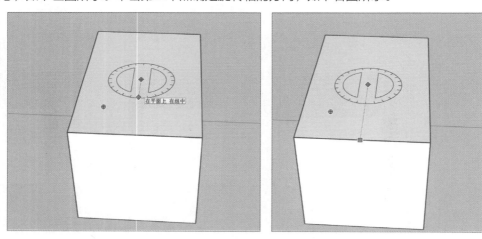

　　移动鼠标指针确定旋转的角度（输入准确的度数可以精确旋转），如下左图所示。再次单击鼠标左键完成旋转操作，如下右图所示。

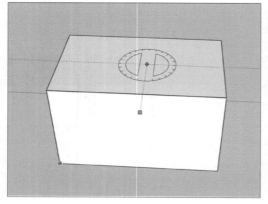
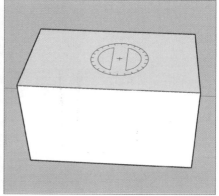

2. 对象局部的旋转

选中物体的局部，如下左图所示。激活旋转工具，执行旋转操作，旋转之后与之相关的线和面也会随之改变，如下右图所示。

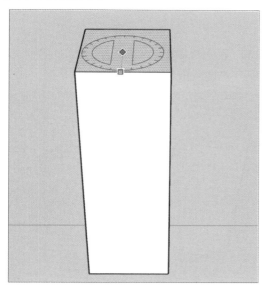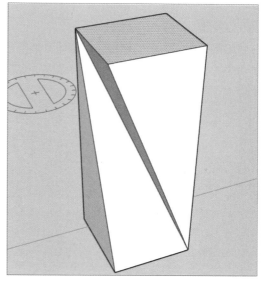

3. 对象的复制

选中需要复制的物体，第一个点为旋转中心，如下左图所示。第二个点定在所要复制的物体，如下右图所示。

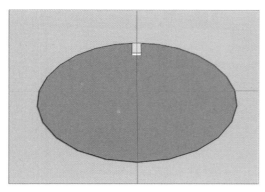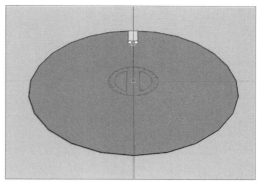

找好角度，复制一个模型，如下左图所示。然后输入"*所需复制的个数"完成复制，如下右图所示。

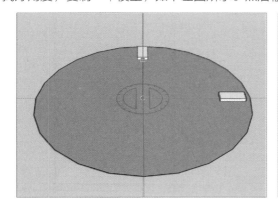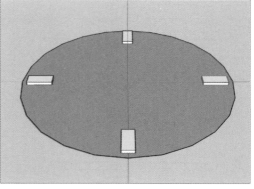

2.2.3　缩放工具

在SketchUp中，缩放工具可以对单个物体、多个物体或物体中的某一部分进行缩放，用户可以同时在X、Y和Z轴对模型进行等比拉长或缩短操作。

1. 等比缩放

在三维绘图工具栏中单击 ![icon] 按钮，即可激活缩放工具，然后选择要缩放的物体，如下左图所示。选中四个对角点中的一个进行等比缩放操作，缩放后的效果如下右图所示。

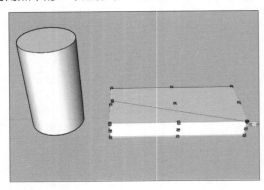 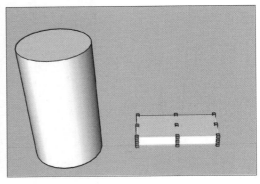

2. 拉长或缩短

激活缩放工具后，选择要缩放的物体，如下左图所示。选中物体非对角点中的一个进行拉长或缩短操作，效果如下右图所示。

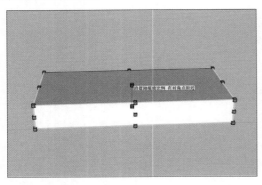 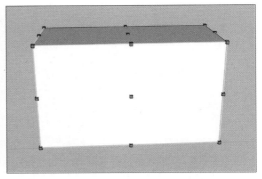

3. 局部缩放

选中物体的局部，激活缩放工具，如下左图所示。执行缩放操作后，与之相关的线和面也会随之改变，效果如下右图所示。

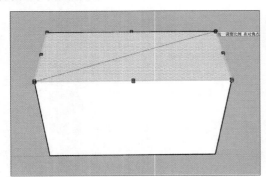 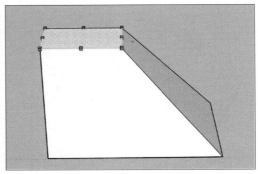

2.2.4 偏移工具

在SketchUp中，偏移工具可以对同面的线段或面沿同一方向偏移一个统一的距离，并复制出一个新的物体。用户可以单击绘图工具栏中的 ⊘ 按钮或在菜单栏中执行"工具>偏移"命令，调用偏移工具。

1. 线的偏移

激活偏移工具，选择要偏移的线段（多段线、弧线或复合线），如下左图所示。移动鼠标指针选择偏移的方向和位置（直接在软件右下角的数值控制框中输入精确的数值，可以更准确设置偏移位置），再次单击鼠标左键完成偏移，按Esc键退出偏移操作，如下右图所示。

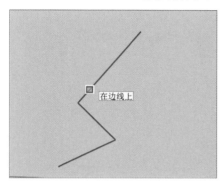 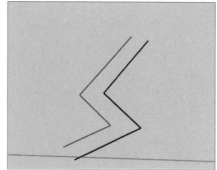

2. 面的偏移

激活偏移工具，选择要偏移的面，如下左图所示。拖动鼠标指针到需偏移的面，控制偏移的方向和位置，再次单击鼠标左键完成偏移（继续单击鼠标左键可以等距离再次偏移），按Esc键退出偏移操作，如下右图所示。

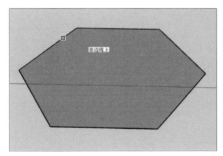 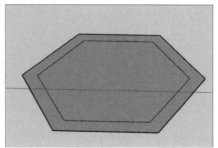

3. 局部偏移

选择需要偏移的线段，如下左图所示。激活偏移工具，再次单击鼠标左键完成偏移操作（继续单击鼠标左键，可以等距离再次偏移），按Esc键退出偏移操作，如下右图所示。

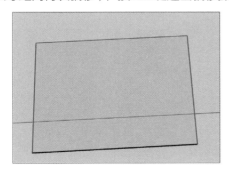 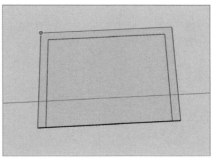

2.2.5 推/拉工具

在SketchUp中，使用推拉工具可以将平面拉成实体，即将二维平面制作成三维实体。用户可以在绘图工具栏中单击◆按钮，或在菜单栏中执行"工具>推/拉"命令，调用推/拉工具。

1. 面的推拉

激活推拉工具，选择所需的面，如下左图所示。移动鼠标指针确定推拉的方向和位置（直接在软件右下角的数值框中输入精确的数值，确保位置准确），再次单击鼠标左键完成推拉操作（单击鼠标左键两次会等距离再次推拉），按Esc键退出推拉操作，如下右图所示。推拉时，如果周围有其他高度的实体，当推拉超过这个高度时，会先处于和周围实体同一高度后才能再次推拉。

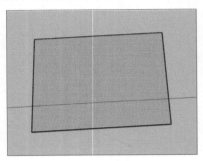 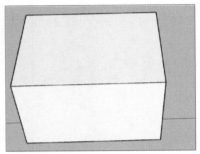

2. 推拉挖空

若需要在实体中挖空一个通道，用户可以先在平面中绘出需要挖空通道的平面图，如下左图所示。使用推拉工具推拉所绘制的面，如下中图所示。将厚度推拉至0时便会挖空实体，如下右图所示。

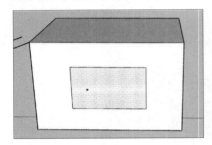  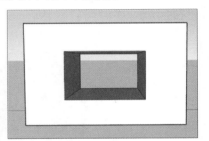

实战练习 制作组合书桌模型

学习了SketchUp常用二维、三维绘图工具的应用后，下面介绍使用矩形工具、推/拉工具、偏移工具和圆弧工具等制作组合书柜模型的操作方法，具体步骤如下。

步骤 01 调用矩形工具，绘制一个1300mm*850mm的矩形，如下左图所示。

步骤 02 在已绘制矩形旁边使用矩形工具绘制一个350mm*1400mm的矩形，如下右图所示。

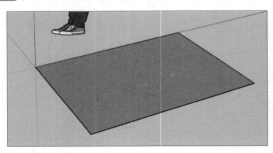 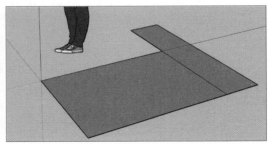

步骤 03 将两个矩形分别使用推拉工具抬高850mm，如下左图所示。

步骤 04 在大矩形的右下角使用矩形工具绘制一个900mm*600mm的矩形，并使用推拉工具向内推600mm，如下右图所示。

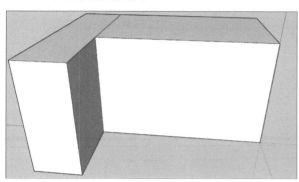 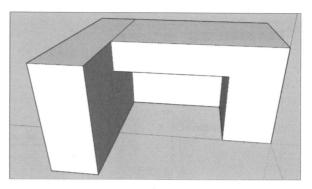

步骤 05 使用圆弧工具在矩形上方夹角处绘制适合的圆弧以连接，使用推拉工具向下推拉20mm，并且延长其圆弧边线到书桌的其他面，如下左图所示。

步骤 06 将所绘制边线下方的面全部使用推拉工具向内推拉10mm，如下右图所示。

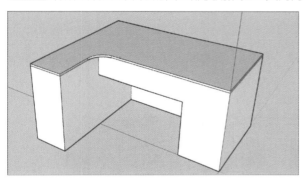 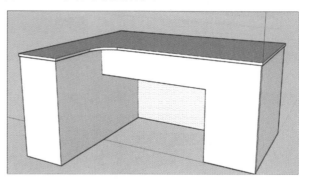

步骤 07 在右侧矩形上使用矩形工具制作一个650mm*450mm的矩形，并向内推拉300mm，效果如下左图所示。

步骤 08 使用直线工具和偏移工具在内凹的矩形内制作出所需的隔断，如下右图所示。

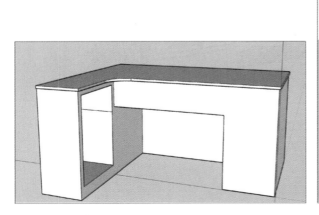 

步骤09 将内部隔断使用推拉工具向外推拉290mm，如下左图所示。

步骤10 选中右侧图形，使用直线工具分割为两个矩形，并在其左侧图形中间使用矩形工具制作一个120mm*850mm的矩形，如下右图所示。

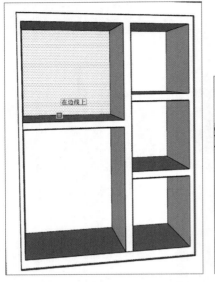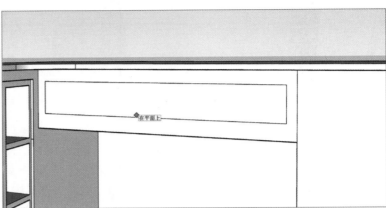

步骤11 使用直线工具将矩形以2:1的比例分为两个部分，并将上部用推拉工具向内推450mm、下部推拉15mm，如下左图所示。

步骤12 使用推拉工具和直线工具在其上做出一些细部调整，效果如下右图所示。

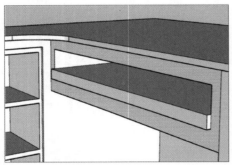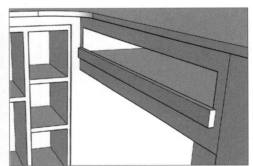

步骤13 在右侧部位使用偏移工具偏移25mm，并使用推拉工具将其向外推15mm，如下左图所示。

步骤14 在合适的位置使用圆形工具、推拉工具以及偏移工具制作一个简易把手，效果如下右图所示。

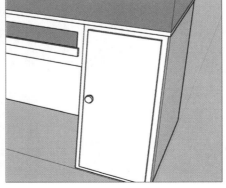

步骤 15 在桌子的两个角处使用矩形工具绘制一个350mm*150mm的矩形，使用推拉工具将其抬高800mm，并在其后方制作一个20mm厚的板，如下左图所示。

步骤 16 在距离柱子400mm处使用直线工具绘制一条直线，使用推拉工具拉至另一个柱子，在成型的矩形上做出三个储物柜，如下右图所示。

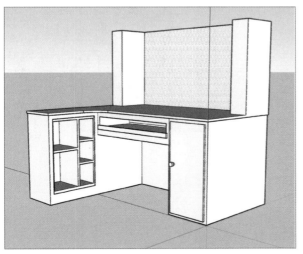 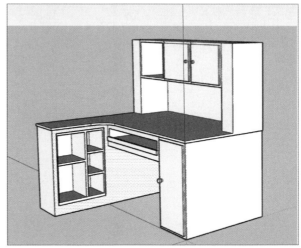

步骤 17 在书桌左侧使用推拉工具制作一个15mm厚、800mm高的板，如下左图所示。

步骤 18 在板上使用直线工具和偏移工具制作所需的隔断，并使用推拉工具将其拉起来，然后将不用的地方删除，最终效果如下右图所示。

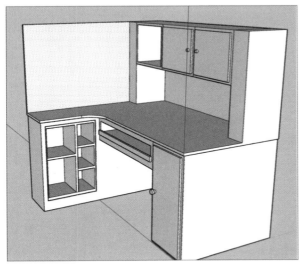 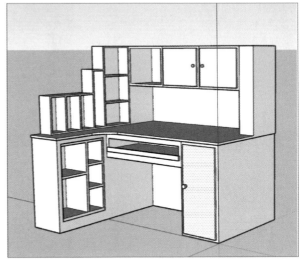

2.2.6 路径跟随工具

在SketchUp中，使用路径跟随工具可以将一个面沿指定线路进行拉伸。用户可以在绘图工具栏中单击 按钮或在菜单栏中执行"工具>路径跟随"命令，调用路径跟随工具。

1. 面与线的应用

激活路径跟随工具，选择路径跟随的面，按住鼠标左键沿所要跟随的线拖动，如下左图所示。再次单击鼠标左键完成推拉操作，按Esc键退出路径跟随操作，如下右图所示。

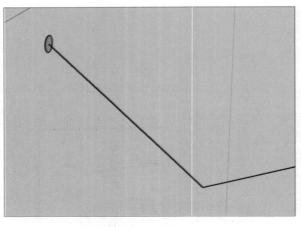
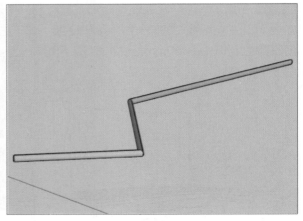

2. 面与面的应用

激活路径跟随工具，在实体上绘制边缘线，如下左图所示。移动鼠标指针将需跟随的面跟随顶面边线，如下右图所示。

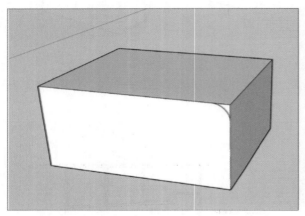
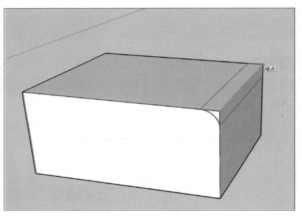

然后使用路径跟随工具绕线一周，如下左图所示。制作出边缘，效果如下右图所示。

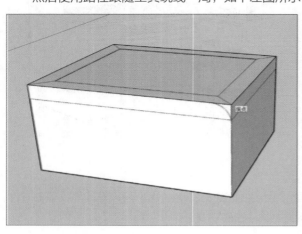
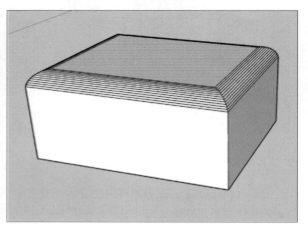

3. 球体的制作

用户可以使用路径跟随工具完成球体的创建，首先绘制一个平放着的圆，如下左图所示。复制一个圆面后，使用旋转工具将其旋转至和原圆面垂直，如下右图所示。

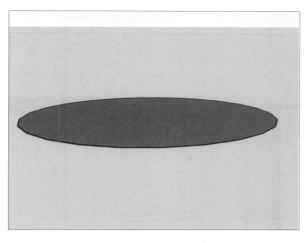 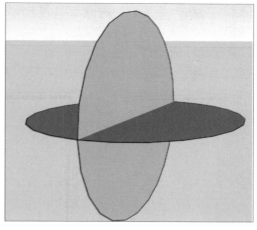

然后使用路径跟随工具绕线一周，如下左图所示。即可完成球体的创建，效果如下右图所示。

 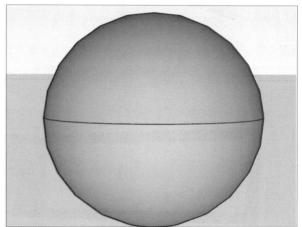

实战练习 制作衣柜模型

　　学习了SketchUp三维绘图工具的应用后，下面介绍使用矩形工具、推拉工具和偏移工具等制作衣柜模型的操作方法，具体步骤如下。

步骤 01 使用矩形工具，制作一个1200mm*500mm的矩形，如下左图所示。

步骤 02 使用推拉工具，将矩形推拉至2000mm，如下右图所示。

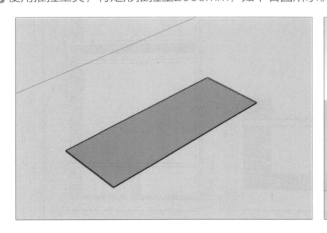 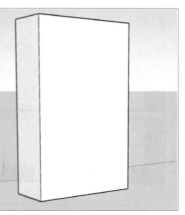

步骤 03 删除其中一个前面，使用推拉工具并按住Ctrl键，将上、后、左和右面推拉出30mm的厚度，如下左图所示。

步骤 04 按住Ctrl键，使用推拉工具制作出100mm厚度的柜底，如下中图所示。

步骤 05 在距离柜子顶部400mm处利用矩形工具制作一个450mm*30mm的矩形，如下右图所示。

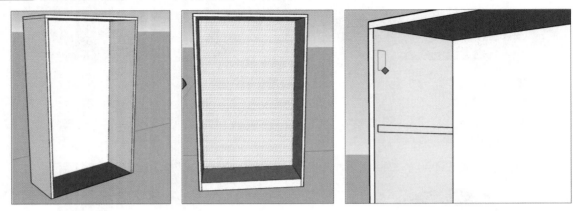

步骤 06 选中矩形，利用推拉工具推拉至对面长度作为隔断，如下左图所示。

步骤 07 在隔断下方100mm处使用圆形工具制作半径为15mm的圆柱衣架并推拉至对面，如下右图所示。

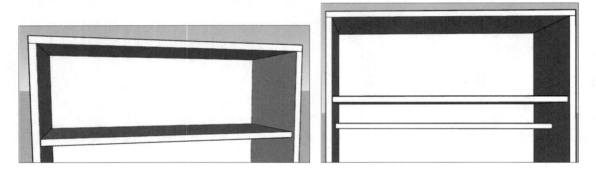

步骤 08 在高于柜底300mm处使用矩形工具制作一个450mm*30mm的矩形，然后使用推拉工具拉至对面作为隔断，同时寻找下方隔断中心处，利用矩形工具和推拉工具再制作一个隔断，如下左图所示。

步骤 09 寻找柜顶和柜底中点，将两者连接，封上柜面，如下右图所示。

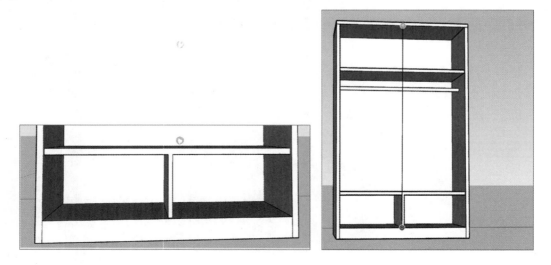

步骤10 删除右面，按住Ctrl键同时将左面柜门使用推拉工具制作出10mm的厚度，如下左图所示。

步骤11 在门移至合适位置，使用矩形工具制作出一个180mm*40mm的把手，并向内使用偏移工具偏移10mm，再将外圈向外推拉5mm、内圈向内推拉5mm，如下中图所示。

步骤12 使用矩形工具制作一个向外开的1870mm*570mm的门，重复上一步操作制作出门的厚度和把手，最终效果如下右图所示。

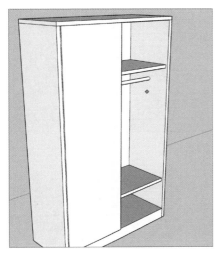 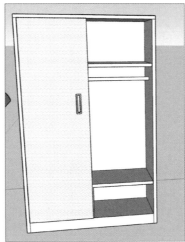 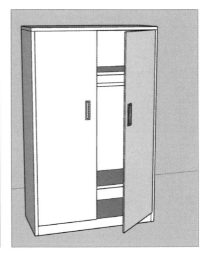

2.3　尺寸的测量和标注

　　SketchUp的尺寸测量和标注工具包括卷尺工具、尺寸标注工具、量角器工具、文字标注工具、轴工具工具和三维文字工具7种，熟练掌握这7种工具的应用可以帮助用户精确测量和定位模型。

2.3.1　卷尺工具

　　在SketchUp中，使用卷尺工具可以测量两点间距离、创建辅助线或进行等比缩放整个模型。用户可以在建筑施工工具栏中单击 ✐ 按钮或在菜单栏中执行"工具>卷尺"命令，调用卷尺工具。

1. 测量距离

　　激活卷尺工具后，单击鼠标左键确定测量起始点，如下左图所示。移动鼠标指针后再次单击鼠标左键确定测量终点，测量数值在鼠标指针旁和软件右下角显示，如下右图所示。

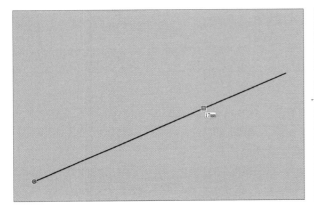 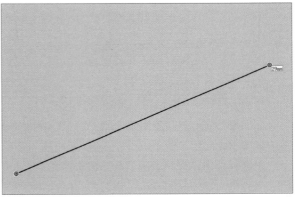

2. 创建辅助线

激活卷尺工具，选中需要创建辅助线的线段，按住鼠标左键并拖曳放置辅助线，如下左图所示。释放鼠标左键完成辅助线放置，如下右图所示。

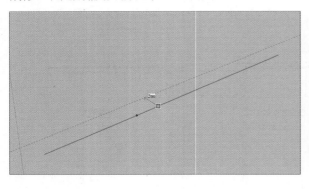 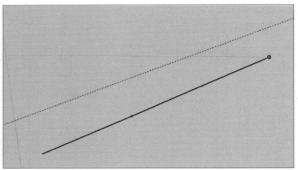

3. 等比放大/缩小模型

激活卷尺工具，测量模型中的一条线得到数值，如右图所示。

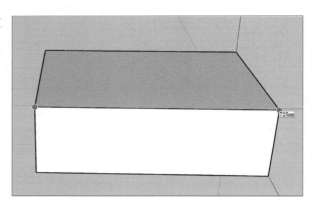

输入放大/缩小后的这条线的值，按Enter键完成输入，如下左图所示。在打开的提示对话框中单击"确定"按钮，得到缩小后的模型，如下右图所示。

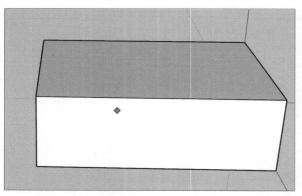 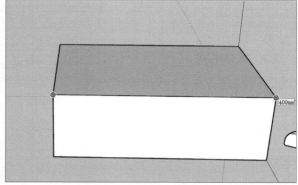

2.3.2 量角器工具

在SketchUp中，使用量角器工具可以测量角度或创建所需的辅助线。用户可以在建筑施工工具栏中单击 按钮或在菜单栏中执行"工具>量角器"命令，调用量角器工具。

激活量角器工具，单击鼠标左键选中角点，然后选择测量角的一个边线，再次单击鼠标左键选中角的另一个边线，如下左图所示。测量数值在软件界面右下角显示，辅助线自动生成，如下右图所示。

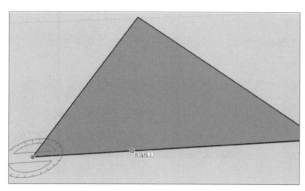 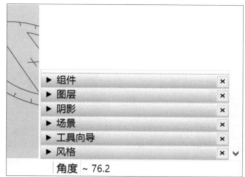

2.3.3　尺寸标注工具

在SketchUp中，使用尺寸标注工具可以对模型进行尺寸标注。用户可以在工具栏中单击 按钮或在菜单栏中执行"工具>尺寸"命令，调用尺寸标注工具。

激活尺寸工具后，单击鼠标左键确定尺寸标注的起点，如下左图所示。再次单击鼠标左键确定尺寸标注的终点，接着移动鼠标并拖曳一定的距离，确定尺寸标注位置，再次单击鼠标左键放置尺寸，如下右图所示。

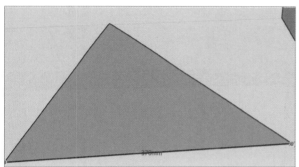 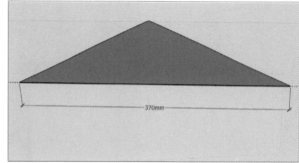

2.3.4　文字标注工具

在SketchUp中，使用文字标注工具可以标注模型的名称或数值。用户可以在建筑施工工具栏中单击 按钮或在菜单栏中执行"工具>文字标注"命令，调用文字标注工具。

1. 数值标注

激活文字标注工具，单击鼠标左键放置在不同的位置会出现其精确数值，如下图所示。

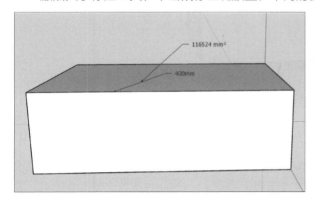 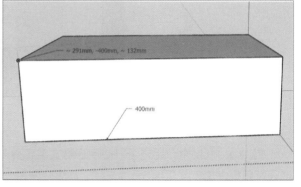

2. 名称标注

激活文字标注工具，选中物体的一个部位，将原数值删除，如下左图所示。输入所需的文字，效果如下右图所示。

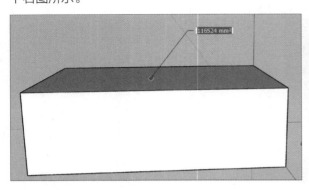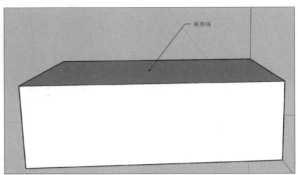

2.3.5　轴工具

在SketchUp中，用户可以使用轴工具进行定位。单击建筑施工工具栏中 k 按钮或在菜单栏中执行"工具>坐标轴"命令，调用轴工具。

激活轴工具，移动鼠标指针选择面，如下左图所示。单击鼠标左键确定XY面，如下右图所示。

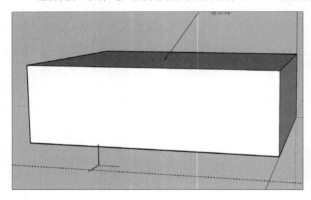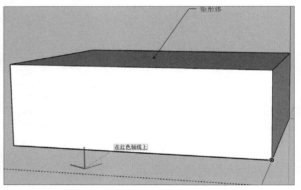

再次单击鼠标左键确定XZ面，效果如下图所示。

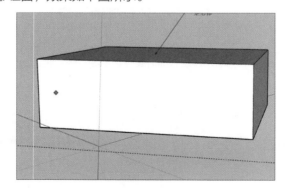

2.3.6　三维文字工具

在SketchUp中，用户可以使用三维文字工具制作三维文字效果。首先单击建筑施工工具栏中 ▲ 按钮或在菜单栏中执行"工具>三维文字"命令，调用三维文字工具。

激活三维文字工具并打开"放置三维文本"对话框后，输入所需的文字❶后，设置文字的字体❷和高度❸，如下左图所示。然后将创建的三维文字放置在所需的位置，效果如下右图所示。

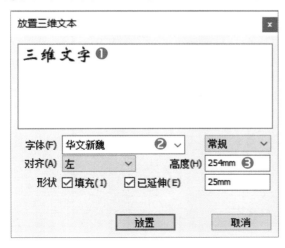

实战练习 制作挂钟模型

学习了SketchUp三维文字工具的应用后，下面介绍使用文字工具、圆形工具、推拉工具、偏移工具和复制工具等制作挂钟模型的操作方法，具体步骤如下。

步骤 01 首先使用圆形工具制作一个半径为200mm的圆形，然后向上推拉10mm，如下左图所示。

步骤 02 找到圆形中心，使用直线工具绘制一个标志，如下右图所示。

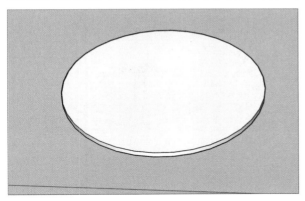
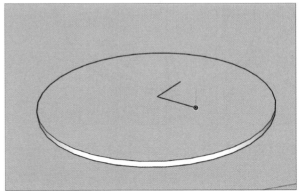

步骤 03 使用偏移工具将圆形向内偏移10mm，使用推拉工具向上推拉5mm，如下左图所示。

步骤 04 使用矩形工具绘制一个15mm*60mm的矩形，使用推拉工具向上推拉3mm，如下右图所示。

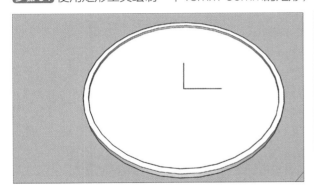
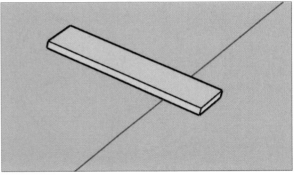

步骤 05 将矩形制作成组，使用移动工具将钟盘摆放在合适的位置，如下左图所示。

步骤 06 使用复制工具围绕事先标好的中心以30°的间隔复制11个矩形，如下右图所示。

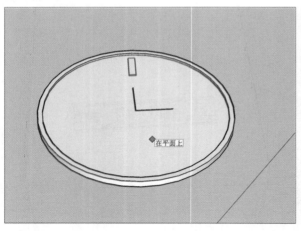 

步骤 07 使用缩放工具将其中的部分矩形缩小50%，如下左图所示。

步骤 08 使用文字工具输入标志文字并放在合适的位置，如下右图所示。

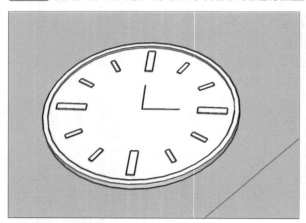 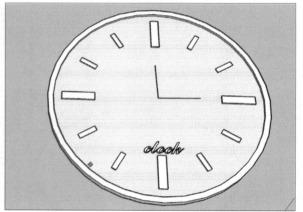

步骤 09 使用圆形工具在钟盘圆心处绘制一个半径为5mm的圆形，使用推拉工具向上推拉5mm，如下左图所示。

步骤 10 使用矩形工具制作出时针、分针和秒针并成组，如下右图所示。

 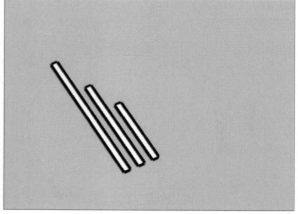

步骤 11 使用移动工具将时针、分针和秒针放入钟盘并进行适当的调整，如下左图所示。

步骤 12 使用矩形工具和推拉工具在钟表后方制作出相关细节，如下右图所示。

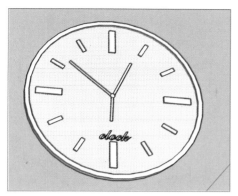
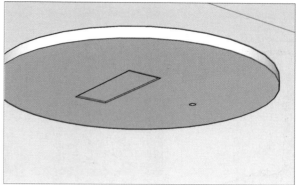

上机实训：制作花箱和座椅组合模型

　　学习了SketchUp二维绘图工具、三维图形编辑工具以及尺寸测量与标注的相关工具后，下面以制作花箱和座椅模型为例，进一步对所学知识进行巩固，具体操作步骤如下。

步骤 01 首先使用矩形工具制作一个550mm*550mm的矩形，如下左图所示。

步骤 02 使用推拉工具将矩形向上推拉400mm，如下右图所示。

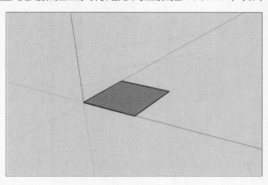
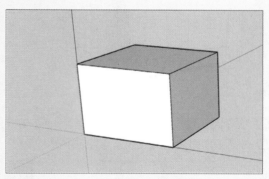

步骤 03 在矩形顶面和底面的四角使用矩形工具制作出75mm*75mm的矩形，如下左图所示。

步骤 04 使用偏移工具对矩形的前后左右四个面向内偏移75mm，如下右图所示。

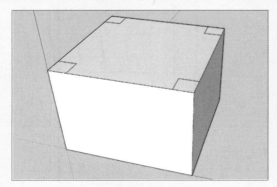
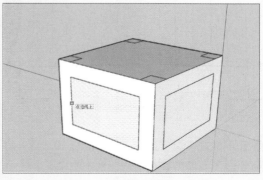

步骤 05 使用推拉工具对顶面和底面的四角矩形分别向外推拉30mm，如下左图所示。

步骤 06 使用直线工具将花箱的四根木柱制作出来，如下右图所示。

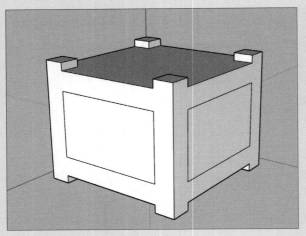
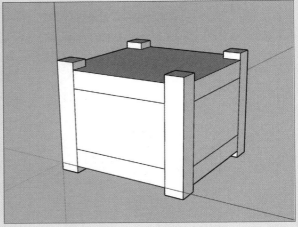

步骤 07 使用推拉工具对花箱四个面的上边和下边向内推拉10mm，如下左图所示。

步骤 08 使用直线工具和复制工具将花箱四面的中间面分为5份，如下右图所示。

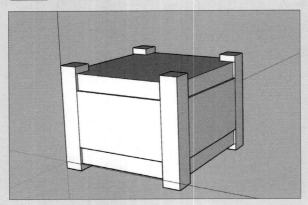
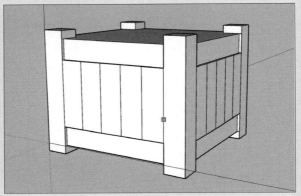

步骤 09 使用推拉工具将中间面所分出单数面向内推拉15mm、双数面推拉20mm，如下左图所示。

步骤 10 在花箱顶面使用直线工具连接四个木柱制作一个正方形，如下右图所示。

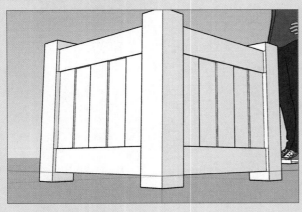
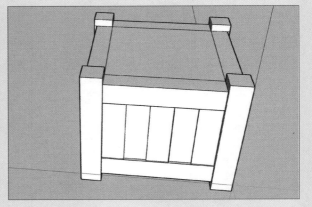

步骤 11 使用推拉工具将正方形向下推拉40mm，如下左图所示。

步骤 12 全选所有模型并右击，在弹出的快捷菜单中选择"创建组件"命令，如下右图所示。

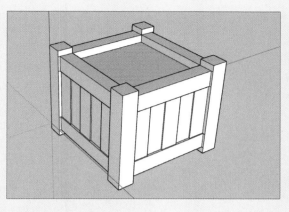 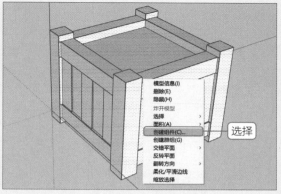

步骤13 在"默认面板"❶的"材料"选项区域❷中选择"木质纹"选项❸，在下拉列表框中选择"饰面木板 01"选项❹，如下左图所示。

步骤14 执行材质赋予操作，为整个组件赋予材质，如下中图所示。

步骤15 在"默认面板"的"材料"选项区域中选择"园林绿化、地被层和植被"选项❶，在下拉列表框中选择"杜松植被"选项❷，如下右图所示。

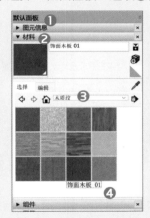  

步骤16 双击组件，进入编辑组件状态，执行材质赋予操作，将材质赋予花箱顶面，如下左图所示。

步骤17 使用圆形工具制作半径为30mm的圆，使用矩形工具制作一个竖向30mm*60mm的矩形，如下右图所示。

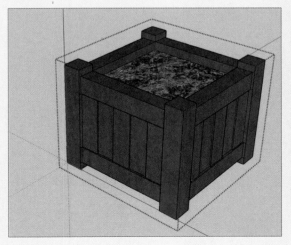 

步骤18 使用直线工具和圆弧工具在矩形上绘制合适的图案，如下左图所示。

步骤19 删除多余的面，将剩余的面移动到圆形上，如下中图所示。

步骤20 选择面，执行路径跟随操作，效果如下右图所示。

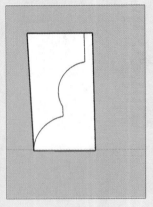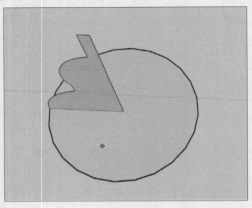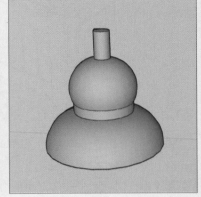

步骤21 在"默认面板"的"材料"选项区域中选择"木质纹"选项❶，在下拉列表框中选择"饰面木板01"选项❷，如下左图所示。

步骤22 执行材质赋予操作，为整个组件赋予材质，如下中图所示。

步骤23 然后使用复制工具复制出四个组件，如下右图所示。

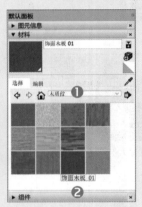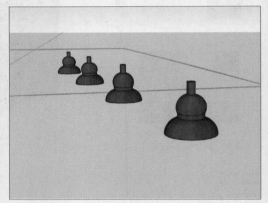

步骤24 使用移动工具将组件放到花箱的四个木柱上，如下左图所示。

步骤25 全选所有模型并右击，在弹出的快捷菜单中选择"创建组件"命令，如下右图所示。

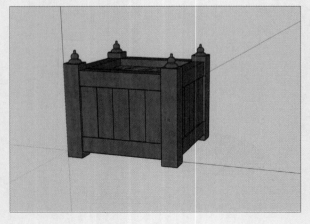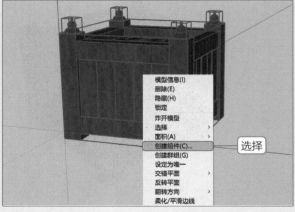

步骤 26 使用矩形工具制作一个竖向80mm*1000mm的矩形，如下左图所示。

步骤 27 在矩形左上角使用圆弧工具绘制一个合适的圆弧，如下右图所示。

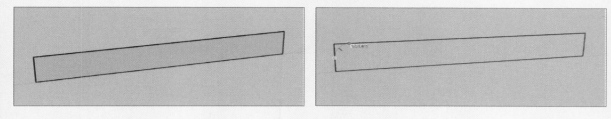

步骤 28 使用推拉工具推拉出80mm的厚度并将其做成组件，如下左图所示。

步骤 29 使用矩形工具制作80mm*1000mm的矩形后，使用推拉工具推拉出80mm的厚度，然后将其做成组件，如下右图所示。

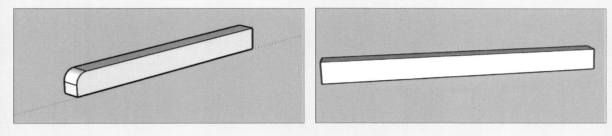

步骤 30 使用移动工具将矩形体放置到另一个组件的上方，如下左图所示。

步骤 31 调用移动工具，按键盘上的向上键，将矩形体向上移动240mm，如下右图所示。

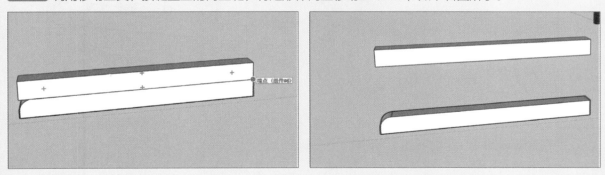

步骤 32 使用矩形工具制作一个240mm*150mm的矩形，并使用圆弧工具在矩形上绘制一个圆弧，如下左图所示。

步骤 33 删除多余的面，使用推拉工具推拉出80mm的厚度并将其做成组件，如下右图所示。

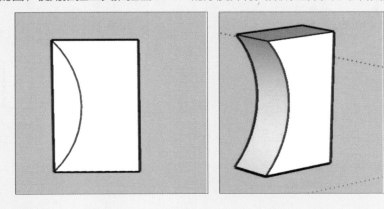

步骤 34 使用矩形工具制作一个240mm*120mm的矩形后，使用推拉工具推拉出80mm的厚度，然后将其制作成组件，如下左图所示。

步骤 35 接着对矩形执行复制操作，复制出两个矩形，如下右图所示。

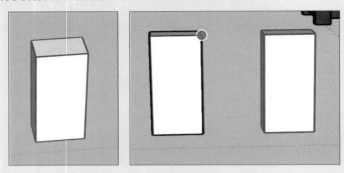

步骤 36 对两种组件执行复制操作，再复制出1个备用，如下左图所示。

步骤 37 使用移动工具将三个组件放入两个条状物之间作为支柱，如下右图所示。

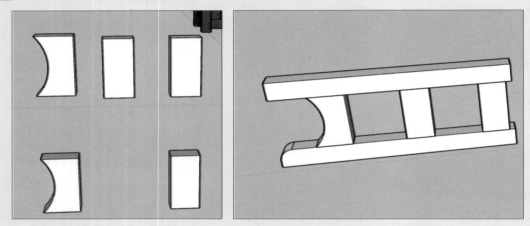

步骤 38 使用矩形工具制作150mm*50mm的矩形后，使用推拉工具推拉出1800mm的厚度，如下左图所示。

步骤 39 将其做成组件，使用移动工具将其移动到柱腿上，如下右图所示。

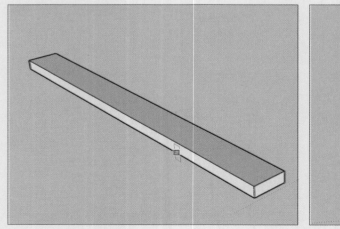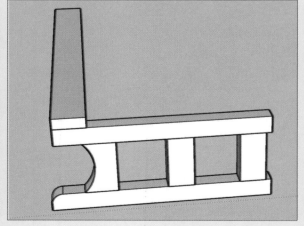

步骤 40 使用复制工具将木板组件复制出3个，将其中一个放在旁边备用，如下左图所示。

步骤 41 对柱脚的四个组件执行"创建组件"操作，如下右图所示。

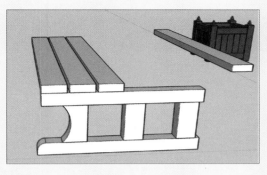 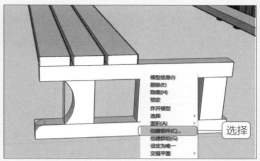

步骤 42 将柱脚组件复制到木板的另一边，如下左图所示。

步骤 43 单击4次柱脚木板组件，进入柱脚木板组件，使用直线工具和推拉工具将木板后方抬高至木板高度，如下右图所示。

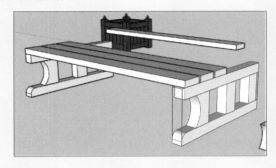 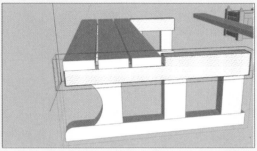

步骤 44 将之前作为备用的组件放到后方抬高上作为支柱，如下左图所示。

步骤 45 将备用的木板放入支柱上，并将其复制3个，如下右图所示。

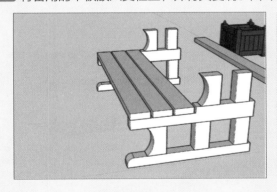 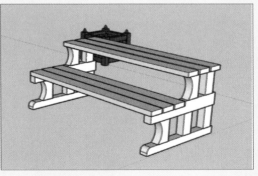

步骤 46 将所有模型全选并将其做成组件，然后将饰面木板01材质赋予组件，效果如下左图所示。

步骤 47 使用复制工具复制一个花箱，然后将两个花箱放置到座椅旁边，最终效果如下右图所示。

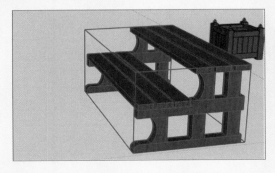 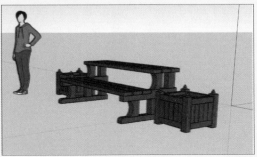

课后练习

1. 选择题

（1）锁定移动轴需要按（　　）键。

　　A. Enter　　　　　　　　B. Alt　　　　　　　　C. Shift　　　　　　　D. Ctrl

（2）在执行复制操作时，用户需要选择移动工具并配合使用（　　）键。

　　A. Ctrl　　　　　　　　B. Alt　　　　　　　　C. Enter　　　　　　　D. Shift

（3）不属于建筑施工工具栏中的工具是（　　）。

　　A. 文字标注工具　　　　B. 三维文字工具　　　　C. 尺寸工具　　　　　D. 偏移工具

（4）在建立花边建筑等不规则实体时，必须用到（　　）命令。

　　A. 推拉工具　　　　　　B. 路径跟随工具　　　　C. 缩放工具　　　　　D. 偏移工具

2. 填空题

（1）卷尺工具、尺寸工具、三维文字工具、＿＿＿＿＿＿、＿＿＿＿＿＿和＿＿＿＿＿＿共同组成建筑施工工具栏。

（2）路径跟随命令旨在沿着＿＿＿＿＿＿一周使用建立模型。

（3）卷尺工具的功能有测量长度、制作辅助线和＿＿＿＿＿＿。

（4）在使用推拉工具时，＿＿＿＿＿＿可以重复上一步操作。

3. 上机题

　　学习了SketchUp常用绘图和编辑工具的应用后，用户可以利用本章所学知识创建一个沙发模型，如下左图所示。然后为其添加尺寸标注，效果如下右图所示。

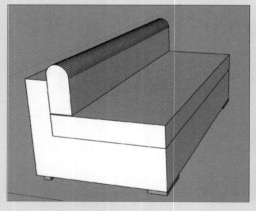 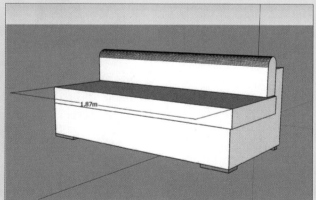

操作提示

　　（1）使用绘图工具制作出沙发的平面；

　　（2）使用推拉工具将其推拉成实体；

　　（3）使用尺寸标注工具进行尺寸标注。

Chapter 03 SketchUp高级工具

本章概述

经过前面章节对SketchUp基础操作的学习，用户已经可以制作一些简单的单体模型。本章的学习旨在让用户可以掌握一些高级操作工具的应用，从而更方便地制作模型和管理场景，为制作大型模型场景做好准备。

核心知识点

❶ 掌握群组工具的应用
❷ 掌握实体工具的应用
❸ 掌握沙盒工具的应用
❹ 掌握图层工具的应用

3.1 群组工具

SketchUp的群组工具包含组件和群组两种，两者的功能各有不同，熟练地区分和运用二者可以更为简易地创建复杂的模型。

3.1.1 创建与分解群组和组件

群组和组件二者容易被用户混淆，组件在复制之后具有联动性，也可以导出与他人分享和再次利用。群组可将部分模型独立不受干扰，便于单独操作。

1. 组件的创建

全选所有模型，单击鼠标右键，在快捷菜单中选择"创建组件"命令，如下左图所示。打开"创建组件"对话框（勾选"总是朝向相机"复选框，可以用于制作一些图片组成的树和人模型)，单击"创建"按钮，便可制作出组件，如下右图所示。

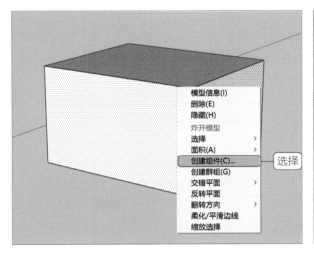
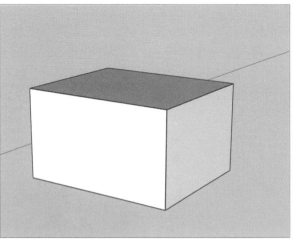

2. 组件的编辑

选择需修改的组件，单击鼠标右键，在快捷菜单中选择"编辑组件"命令，如下左图所示。如此便可进入组件编辑模式，用户也可以双击需要修改的组件，快速进入组件编辑模式，如下右图所示。单击组件外的空白处，即可退出组件编辑模式。

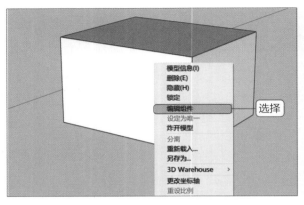 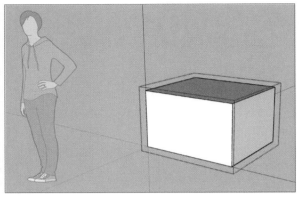

3. 组件的导入和导出

选择创建好的组件，单击鼠标右键，在快捷菜单中选择"另存为"命令，如下左图所示。打开"另存为"对话框，选择文件的存储路径❶并进行组件命名❷后，单击"保存"按钮❸完成组件的导入，如下右图所示。

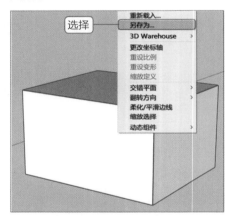 

如果需要再次调用该组件，则在菜单栏中选择"窗口"选项❶，在打开的下拉列表中执行"组件选项"命令❷，如下左图所示。打开"组件选项"对话框，选择需要的组件，即可导入模型中，如下右图所示。

4. 群组的创建和分解

全选所有模型，单击鼠标右键，在快捷菜单中选择"创建群组"命令，即可完成群组创建操作，如下左图所示。选中需要分解的群组，单击鼠标右键，在快捷菜单中选择"炸开模型"命令，则可将群组分解，如下右图所示。

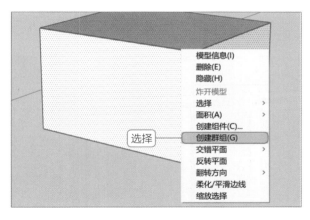 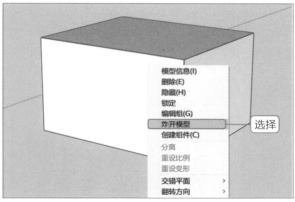

实战练习 制作长廊模型

　　学习了SketchUP创建与分解群组功能的应用后，下面介绍应用"创建群组"等功能制作长廊模型的操作方法，具体步骤如下。

步骤 01 使用矩形工具，制作一个200mm*200mm的矩形，如下左图所示。

步骤 02 使用推拉工具，将矩形推拉至2600mm，如下右图所示。

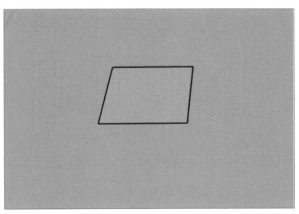 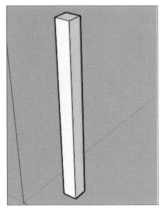

步骤 03 选中刚做好的柱子并右击，在弹出的快捷菜单中选择"创建组件"命令，弹出"创建组件"对话框，自行定义组件#1，单击"创建"按钮。使用移动工具移动2000mm，并按住Ctrl键进行复制，如下左图所示。

步骤 04 重复上一步，创建组件，使用移动工具移动3000mm，并按住Ctrl键进行复制，如下右图所示。

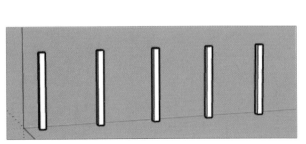 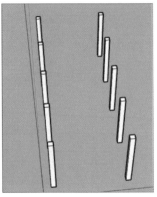

步骤 05 使用矩形工具在柱子上端绘制100mm*200mm的矩形，如下左图所示。

步骤 06 使用推拉工具，将矩形拉至最后一根柱子，作为梁，如下右图所示。

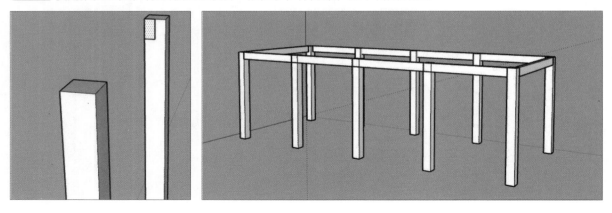

步骤 07 使用圆弧工具，制作两个圆弧，弧高分别为500mm和400mm。再利用直线工具，把两个圆弧连接制作为一个平面，如下左图所示。

步骤 08 使用推拉工具，拉至最后一根柱子，作为长廊的顶层，如下右图所示。

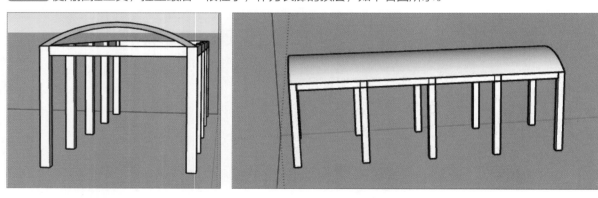

步骤 09 使用矩形工具，把长廊上端廊架与梁制作成一个平面，如下左图所示。

步骤 10 选择多余的线段并删除，效果如下右图所示。

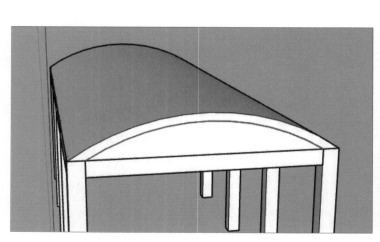

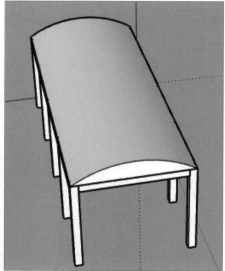

步骤 11 在工具栏中单击"材质"按钮，在弹出的"默认面板"面板的"材料"选项区域进行材质设置，如下左图所示。

步骤 12 选择"玻璃和镜子"选项，单击"可于天空反射的半透明玻璃"材质选项并喷绘于长廊的顶层与上方，效果如下右图所示。

 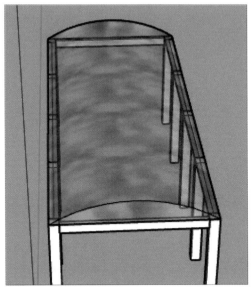

3.1.2 嵌套群组

嵌套群组就是将多个群组再次组合成为群组，以方便用户编辑制作一些复杂的模型。选中所有需要组合在一起的群组模型，单击鼠标右键，在快捷菜单中选择"创建群组"命令，如下左图所示。完成嵌套群组操作后，效果如下右图所示。

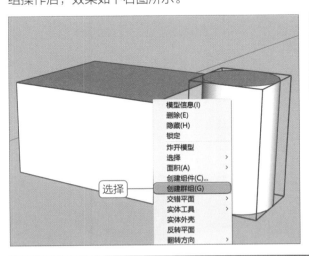 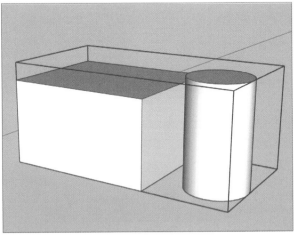

> **提示：分解群组**
>
> 对创建的群组可以执行分解操作，分解后组成装饰恢复到成组之前的状态，同时组内和外部相边的几何体结合，并嵌套在组内的组合变成独立的组。下面介绍分解群组的方法。
>
> 首先选中要分解的组，然后单击鼠标右键，在打开的快捷菜单中选择"分解"命令即可。
>
> 对创建的群组除了可以执行分解群组操作，还可以编辑群组以及执行群组右键级联菜单的相关操作。

3.1.3 编辑群组

群组工具可以隔断内部模型与外界的联系，首先选择需要修改的群组，单击鼠标右键，在快捷菜单中选择"编辑组"命令，如下左图所示。此时将进入编辑组件模式（用户也可以双击需要修改的群组，快速进入编辑群组模式），如下右图所示。要退出群组编辑模式，则单击群组之外的空白处即可。

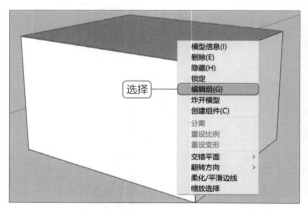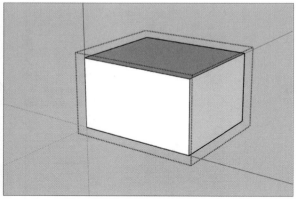

3.1.4 锁定群组

如果不希望群组被改变，用户可以锁定群组。首先选中需锁定的群组，单击鼠标右键，在快捷菜单中选择"锁定"命令，即可锁定群组，如下左图所示。锁定的群组边线变为红色，如下右图所示。

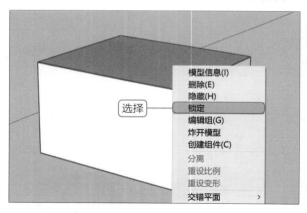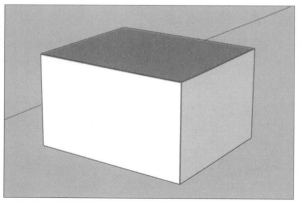

要想解锁群组，则选中群组后单击鼠标右键，在快捷菜单中选择"解锁"命令，如下左图所示。即可解除锁定的群组，如下右图所示。

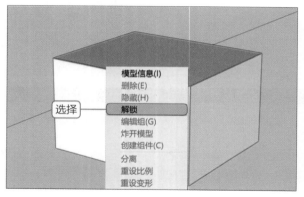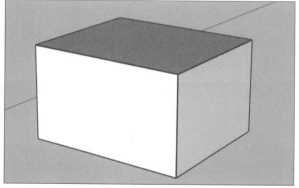

实战练习 制作花坛模型

学习了SketchUp群组工具的应用后，下面介绍使用"创建群组"命令、矩形工具、推拉工具和偏移工具等制作花坛模型的操作方法，具体步骤如下。

步骤 01 花坛由大花坛、小花坛与长凳三部分组成，首先制作大花坛，使用矩形工具（快捷键R），绘制一个2000mm*2000mm的正方形，如下左图所示。

步骤 02 使用推拉工具，将矩形向上推拉至300mm，如下右图所示。

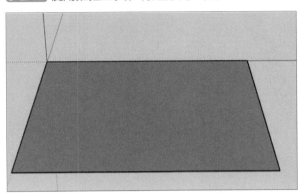 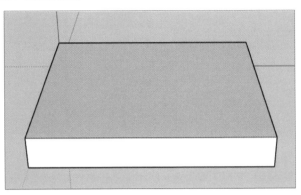

步骤 03 使用偏移工具，将上顶面向内偏移200mm，如下左图所示。

步骤 04 再使用推拉工具，将上顶面内部正方形向上推拉240mm，如下右图所示。

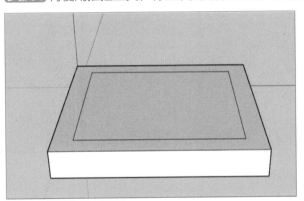 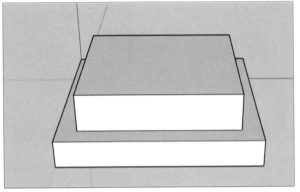

步骤 05 在顶面使用偏移工具向内偏移60mm，如下左图所示。

步骤 06 使用推拉工具，将顶面向下推拉35mm，如下右图所示。

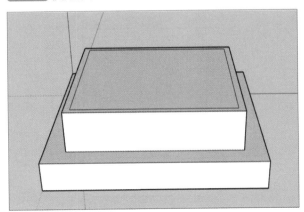 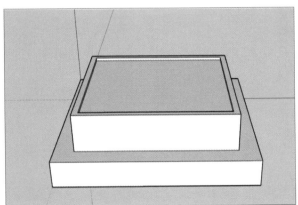

步骤 07 选中全部模型并右击，在弹出的快捷菜单中选择"创建群组"命令，完成大花坛的制作，如下左图所示。

步骤 08 在空白处使用矩形工具制作一个400mm*400mm正方形，如下右图所示。

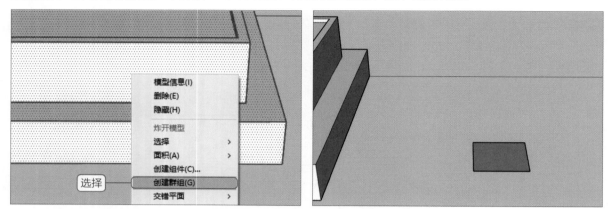

步骤 09 再使用推拉工具向上推拉600mm，如下左图所示。

步骤 10 在正方体顶面，使用偏移工具向内偏移30mm，如下右图所示。

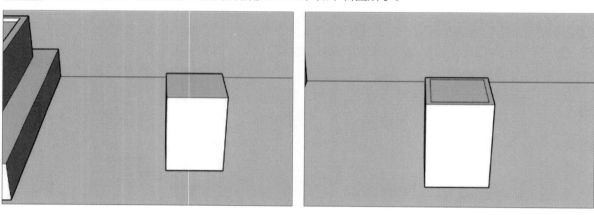

步骤 11 再使用推拉工具向上推拉40mm，如下左图所示。

步骤 12 使用偏移工具，将顶面向外偏移30mm，如下右图所示。

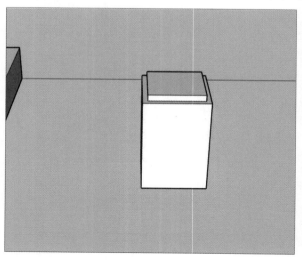
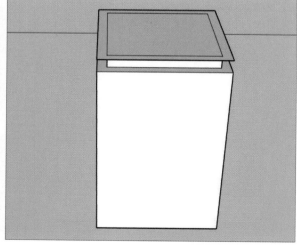

步骤13 选中偏移后的面积，使用推拉工具向上推拉30mm，如下左图所示。

步骤14 双击选中模型并右击，在弹出的快捷菜单中选择"创建群组"命令，完成小花坛的制作，如下右图所示。

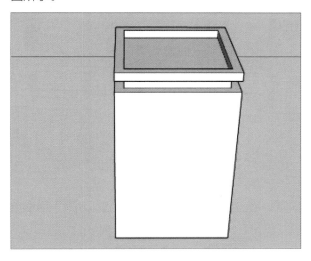
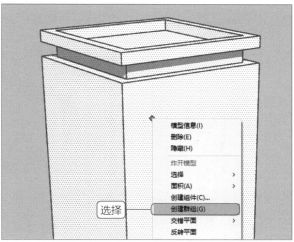

步骤15 选中小花坛一角，使用移动工具移动到大花坛一角，如下左图所示。

步骤16 将小花坛底面向上移动与大花坛底面重合，如下右图所示。

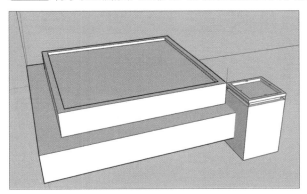
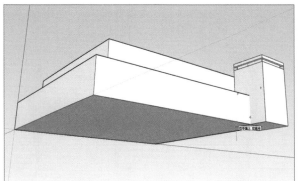

步骤17 复制三个小花坛，根据上面步骤放置到大花坛四角，如下左图所示。

步骤18 接着制作长凳，首先在大花坛上使用直线工具绘制与大花坛等长、高为50mm的矩形，效果如下右图所示。

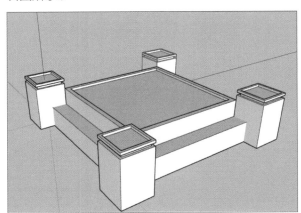
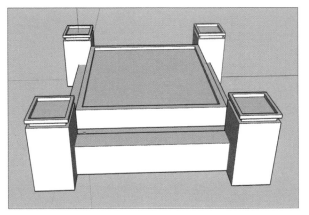

步骤19 选中矩形，使用推拉工具向外推拉至与小花坛等宽，如下左图所示。

步骤20 双击长凳模型将其选中后右击，在弹出的快捷菜单中选择"创建群组"命令，如下右图所示。

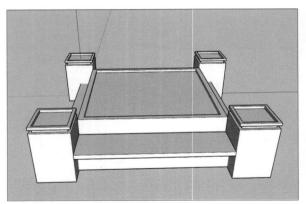 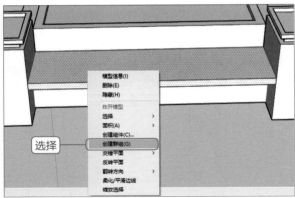

步骤21 在长凳上面使用矩形工具绘制与长凳面相同的矩形，然后向上推拉10mm，制作出长凳的木制面板，效果如下左图所示。

步骤22 双击面板将其选中后右击，在弹出的快捷菜单中选择"创建群组"命令，如下右图所示。

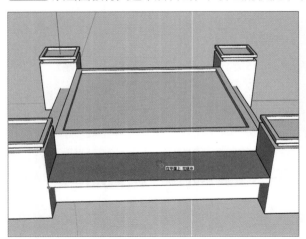 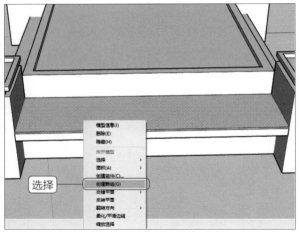

步骤23 相同的操作方法，制作出其余三边长凳，花坛整体模型就制作出来了，如下左图所示。

步骤24 在材质面板中选择材质为"石头"，在列表框中选择"卡其色拉绒石材"贴图，如下右图所示。

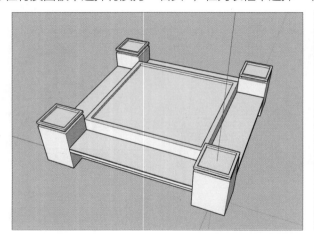 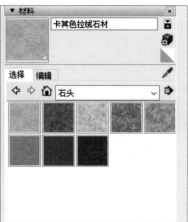

步骤25 然后查看为花坛整体铺上材质的效果，如下左图所示。

步骤26 同样的方法，为长凳附上"木质纹"材质的"木地板"贴图，如下右图所示。

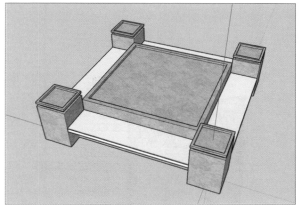 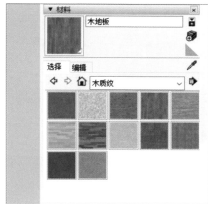

步骤27 然后查看为长凳赋予木地板材质的效果，如下左图所示。

步骤28 双击进入一个小花坛模型中，为其赋予"园林绿化"的"深绿草色"贴图，如下右图所示。

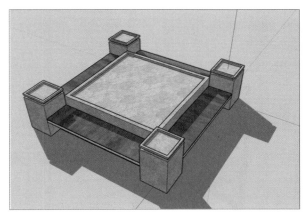 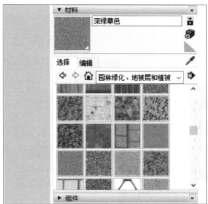

步骤29 然后查看效果，如下左图所示。

步骤30 同样的方法为所有的花坛赋予"园林绿化"的"深绿草色"贴图，制作完成后查看最终效果，如下右图所示。

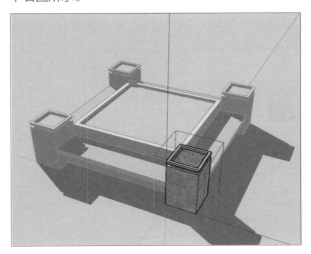 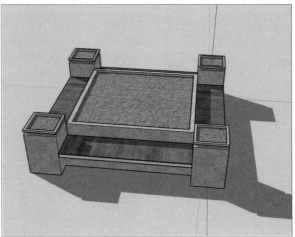

3.2 图层工具

为了更方便创建模型和表现模型，用户可以利用图层工具将模型分层表现。

3.2.1 图层的显示和隐藏

在进行模型创建时，对图层执行显示或隐藏操作，不仅可以减少电脑建模时的负荷，同时可以展现模型的不同形式。

在"默认面板"面板中单击"图层"折叠按钮，在打开的"图层"面板中查看模型的图层信息，如右图所示。

取消勾选需要隐藏图层的"可见"复选框❶，图形中对应的模型即被隐藏❷，如下左图所示。要取消隐藏，则再次勾选模型对应的复选框❸，即可显示模型❹，如下右图所示。

3.2.2 增加和删除图层

在进行模型创建和编辑过程中，用户可以根据需要添加或删除图层。在"图层"面板中单击"添加图层"按钮⊕❶，SketchUp会自动添加一个图层❷，如下左图所示。要删除不需要的图层，则选中该图层❸后，单击"删除图层"按钮❹即可，如下右图所示。

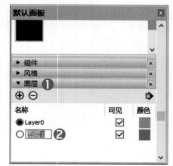

3.2.3　改变图像所属的图层

　　选择需要改变其所在图层的模型，单击鼠标右键，在快捷菜单中选择"模型信息"命令，如下左图所示。进入模型信息界面，选择希望改变到的图层，如下右图所示。

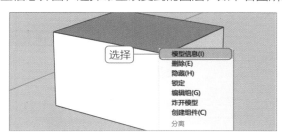

3.3　实体工具

　　在SketchUp中，所有三维体都是空心的，实体工具便是将三维体模拟实心花的工具，包括"外壳"、"相交"、"联合"、"减去"、"剪辑"和"拆分"6个工具。

3.3.1　外壳工具

　　外壳工具可以将两个群组模型合并成一个模型，选择两个群组并使用移动工具将其拼接在一起，如下左图所示。在实体工具栏中选择外壳工具●后，单击选择其中一个群组，如下右图所示。

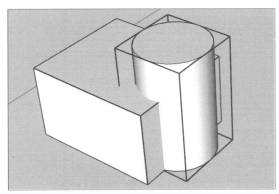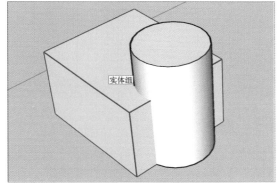

　　再选择另一个群组，如下左图所示。之后单击鼠标左键完成操作，如下右图所示。

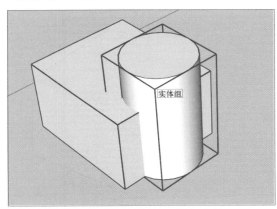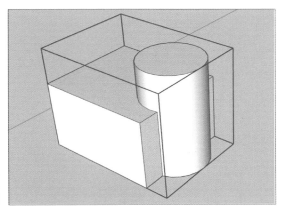

3.3.2 相交工具

使用相交工具可以获得两个群组模型相交的模型部分。首先选择两个群组并使用移动工具将其拼接在一起，如下左图所示。在实体工具栏中选择相交工具 ，然后选择其中一个群组，如下右图所示。

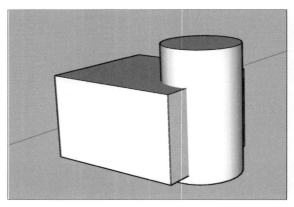
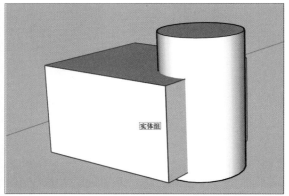

再选择另一个群组，如下左图所示。然后单击鼠标左键，即可获得两个群组模型相交处的模型，如下右图所示。

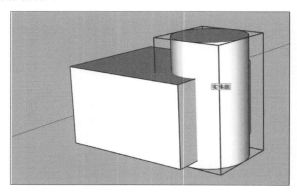
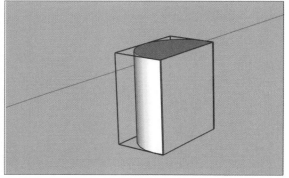

3.3.3 联合工具

使用联合工具可以将两个群组模型合并成一个模型，但会保留两者之间的空隙。首先选择两个群组并使用移动工具将其拼接在一起，如下左图所示。选择实体工具栏中的联合工具 后，使用鼠标左键单击选择其中一个群组，如下右图所示。

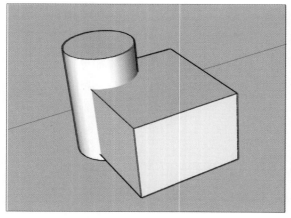
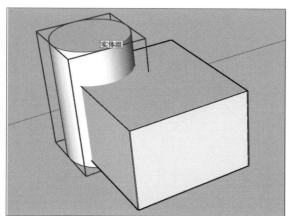

再选择另一个群组，如下左图所示。最后单击鼠标左键完成操作，如下右图所示。

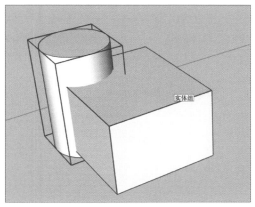 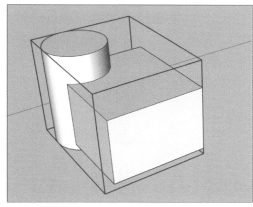

3.3.4 减去工具

应用减去工具可以将实体中与其他实体相交的部分进行切除。首先选择两个群组并使用移动工具将其拼接在一起，如下左图所示。选择实体工具栏中的减去工具▣后，使用鼠标左键单击选择其中一个群组作为减去物，如下右图所示。

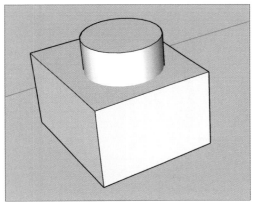 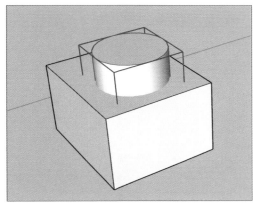

再选择另一个群组作为被减去物，如下左图所示。最后单击鼠标左键，即可获得减去后的模型，如下右图所示。

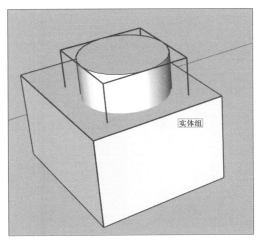 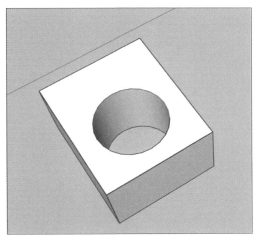

3.3.5 剪辑工具

应用剪辑工具与应用减去工具的结果是相同的，但剪辑工具会保留减去物。首先选择两个群组并使用移动工具将其拼接在一起，如下左图所示。选择实体工具栏中的剪辑工具 ● 后，使用鼠标左键单击选择其中一个群组作为减去物，如下右图所示。

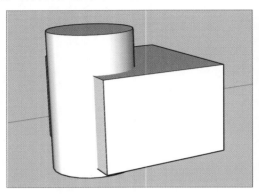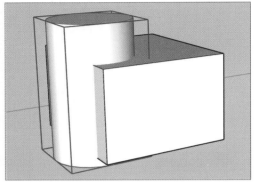

再选择另一个群组作为被减去物，如下左图所示。最后单击鼠标左键，即可获得减去后的模型和作为减去物的模型，如下右图所示。

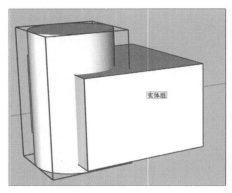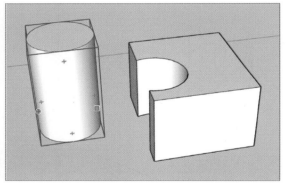

3.3.6 拆分工具

拆分工具与相交工具用法相似，但会保留另外两个模型群组。首先选择两个群组并使用移动工具将其拼接在一起，如下左图所示。选择实体工具栏中的拆分工具 ● 后，使用鼠标左键单击选择其中一个群组，如下右图所示。

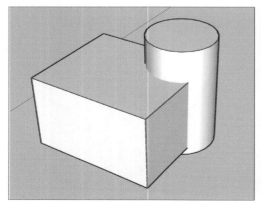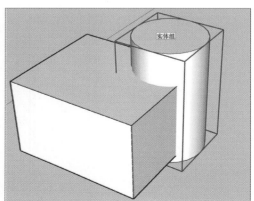

再选择另一个群组，如下左图所示。最后单击鼠标左键，即可获得两者相交处的部分模型和减去相交部分的两个模型群组，如下右图所示。

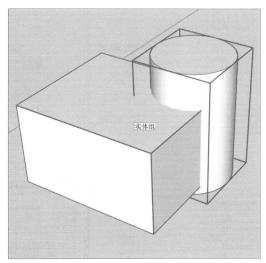 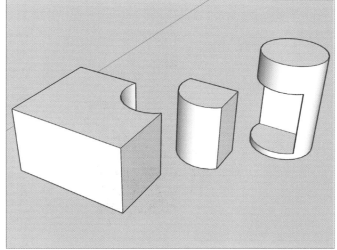

3.4　剖面工具

使用SketchUp的剖面工具不仅可以帮助用户更方便地了解模型内部的情况，还可以将剖面图导出作为完善剖面的素材。

3.4.1　创建剖切面

打开"咖啡厅.skp"素材文件并调出"截面"工具栏，如下左图所示。激活剖切面工具，将鼠标指针移动到需要剖切的建筑物一个面上，单击鼠标左键完成操作，如下右图所示。

> **提示：截面的编辑**
>
> 创建的截面和其他实体一样，可以对其进行编辑操作，如移动、旋转等，使用移动工具和旋转工具即可。在移动截面时，截平面只沿着垂直于自己表面的方向移动。
> 用户也可以根据需要对截面进行反转，即在截面上右击，在弹出的快捷菜单中选择"反转"命令，即可反转截面的方向。

3.4.2 剖切面常用操作与功能

创建剖切面后，用户可以使用移动工具对剖切面进行前后移动，如下左图所示。也可以执行"文件>导出>二维图形"命令，将剖切面导出成图片或CAD文件，如下右图所示。

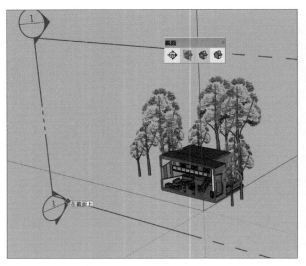

3.5 沙盒工具

在SketchUp中，使用沙盒工具可以制作一些高低起伏的复杂地形。沙盒工具栏中包括"根据等高线创建"、"根据网格创建"、"曲面起伏"、"曲面平整"、"曲面投射"、"添加细部"和"对调角线"7个工具。

3.5.1 根据等高线创建工具

根据等高线创建工具可以通过等高线模拟出坡度进行建模，用户可以通过导入或者二维工具做出等高线，如下左图所示。使用移动工具将等高线拉到对应的高度，如下右图所示。

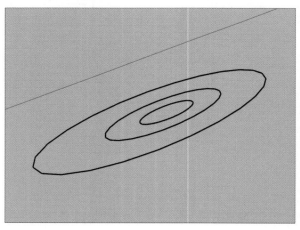
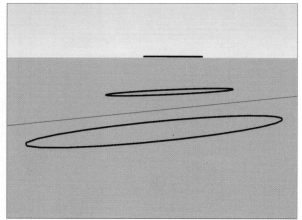

全选所有等高线，如下左图所示。选择沙盒工具中的根据等高线创建工具 🗌，激活该工具，即可完成地形创建，如下右图所示。

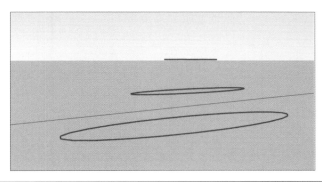 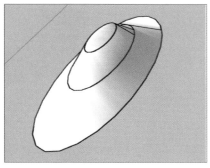

提示：根据等高线创建工具的应用

根据等高线创建工具将自动创建封闭闭合或不闭合的线形成面，从而形成有等高差的坡地。通常使用该工具的有以下两种情况：

- 从其他软件中导入地形文件，此时的文件为三维地形等高线；
- 直接在SketchUp中使用绘图命令绘制。

3.5.2 根据网格创建工具

根据网格创建工具可以创建一个随意改变高度变化的网格面。选择沙盒工具中的根据网格创建工具 后，在软件右下角的数值框输入相应的数值，可以改变网格间距（网格越小，后期建模越精细，但对电脑配置有较高负荷），单击鼠标左键确定起点，如下左图所示。移动鼠标指针决定网格的长度（可以输入具体数值），单击鼠标左键完成操作，如下右图所示。

 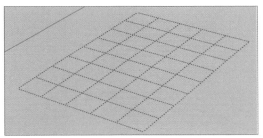

3.5.3 曲面起伏工具

曲面起伏工具主要用于修改地形z轴的起伏程度，该工具不能对组和组件进行操作。

双击绘制好的网格地图，进入编辑状态，如下左图所示。选择沙盒工具中的曲面起伏工具 ，用户可以通过在软件右下角的数值框输入半径长度值，控制起伏的光圈大小，如下右图所示。

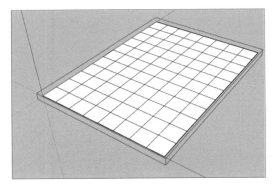 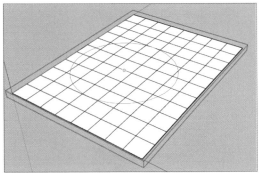

　　然后将鼠标指针定位在希望起伏的区域，向上拖动控制曲面的起，如下左图所示。向下拖动控制曲面的伏，如下右图所示。

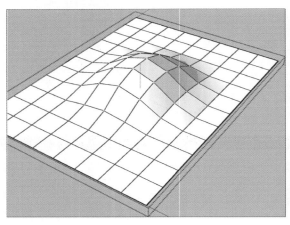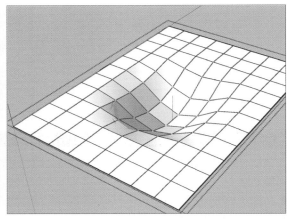

3.5.4　曲面平整工具

　　曲面平整工具主要用于在曲面起伏的地形上平整一块土地用以放置建筑物。

　　首先使用移动工具将建筑物放置在曲面的正上方，如下左图所示。选择沙盒工具中的曲面平整工具后，单击建筑物的底面，建筑下方会出现红色的边框，如下右图所示。

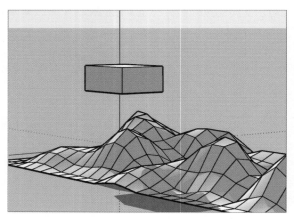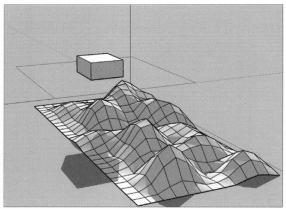

　　单击曲面，会产生一个对应的平整场地，用户可以移动鼠标指针控制其高度，如下左图所示。使用移动工具将建筑物放置在场地上，如下右图所示。

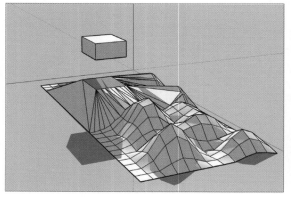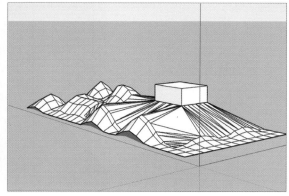

3.5.5 曲面投射工具

曲面投射工具主要用于在曲面上分割出不同区域。首先在绘制好的曲面上方绘制一个更大的矩形，如下左图所示。激活曲面投射工具后，将鼠标指针移动到曲面群组上，此时群组处于被选择状态，单击确定选择，如下右图所示。

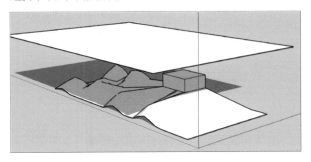 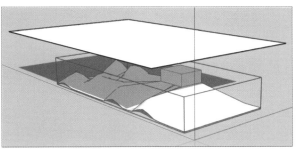

将鼠标指针移动到矩形上并单击，曲面群组上的线便会投射到矩形上，如下左图所示。删除其他多余的线，保留建筑边线并使用二维绘图工具绘制区域划分，如下右图所示。

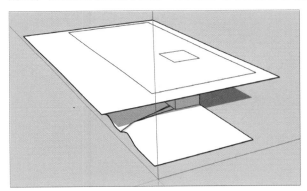 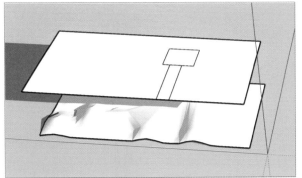

删除矩形多余的线，仅保留区域划分的面，如下左图所示。再次激活曲面投射工具，单击选择区域面，将其投射到曲面群组上，如下右图所示。

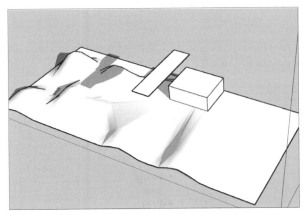 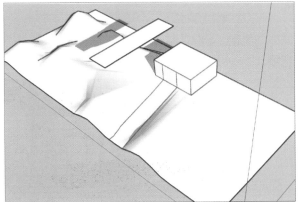

3.5.6 添加细部工具

添加细部工具主要用于进一步细化网格结构。选择需要细化的网格面，如下左图所示。选择沙盒工具中的添加细部工具🖱️后，选中的网格面就会进行细分，如下右图所示。

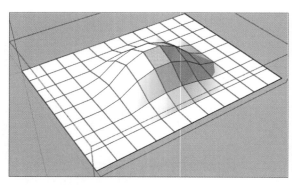 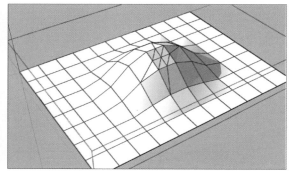

3.5.7　对调角线工具

对调角线工具主要用于将网格中的对角线进行对调。选择沙盒工具中的对调角线工具 后，将鼠标指针拖动需要对调角线的网格，如下左图所示。单击表示确定，网格的对线便会产生对应的对角线对调，如下右图所示。

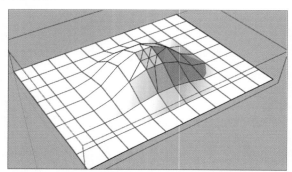 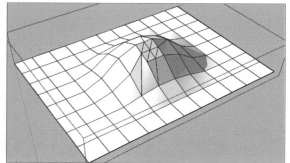

3.6　雾化特效

用户可以在SketchUp中模拟雾气效果，为模型增添一种朦胧的氛围。

打开"咖啡厅.skp"素材模型，此时可以看到模型处于清晰的状态，如下左图所示。在"默认面板"面板中单击"雾化"扩展按钮❶，在打开的"雾化"面板中勾选"显示雾化"复选框❷，调整"距离"滑块❸，可以调整雾气的浓度，以达到期望的状态，如下右图所示。

用户还可以取消"使用背景颜色"复选框的勾选❶，然后单击右侧的色块❷，如下左图所示。在打开的"选择颜色"对话框中设置所需的颜色，以改变雾气颜色，如下右图所示。

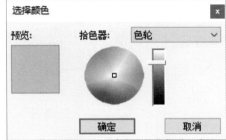

实战练习 制作山坡上的凉亭模型

学习了SketchUp多种高级工具的应用后，下面介绍使用沙盒工具、雾化工具和组件工具等制作小山坡上的凉亭的操作方法，具体步骤如下。

步骤 01 使用沙盒工具中的根据网格创建工具制作一个20000mm*56000mm的矩形，如下左图所示。

步骤 02 双击进入网格组建模式，然后使用沙盒工具中的曲面起伏工具制作出高低起伏的地形，效果如下右图所示。

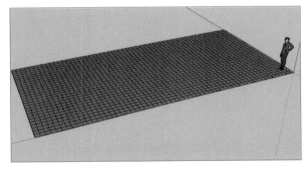
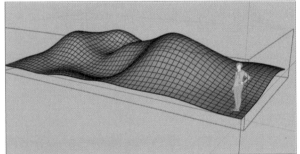

步骤 03 执行"导入"命令，将"凉亭.skp"素材文件导入模型中，如下左图所示。

步骤 04 使用移动工具将凉亭移动到合适的位置上，如下右图所示。

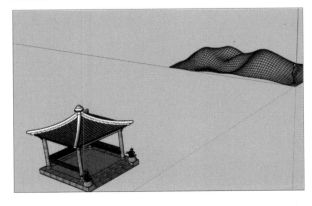
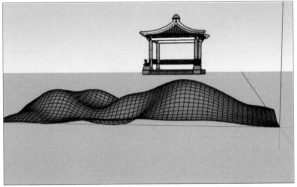

步骤 05 选中凉亭模型并右击，在弹出的快捷菜单中选择"炸开模型"命令，效果如下左图所示。

步骤 06 对凉亭的底面和坡地组件使用沙盒工具里的曲面平整工具，如下右图所示。

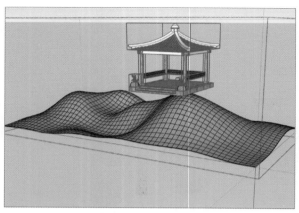 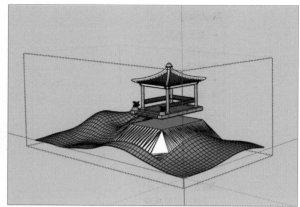

步骤 07 使用移动工具将凉亭放到制作的平台上，如下左图所示。

步骤 08 对"坡地"模型执行"软化边线"操作，在"柔滑边线"选项区域中勾选"软化共面"复选框，如下右图所示。

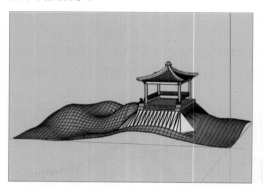 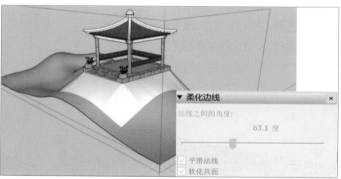

步骤 09 使用矩形工具制作一个合适的矩形作为道路，放到道路计划位置的上方，如下左图所示。

步骤 10 选择沙盒工具中的曲面投射工具，对矩形和坡地模型进行曲面投射操作并删除矩形，如下右图所示。

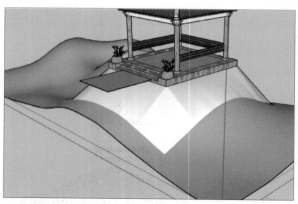 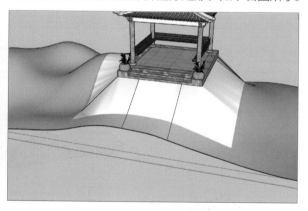

步骤 11 执行"导入"命令，将"树.skp"素材文件导入模型中，如下左图所示。

步骤 12 使用缩放工具将树模型缩放到合适的大小，然后右击树模型，在弹出的快捷菜单中选择"炸开模型"命令，如下右图所示。

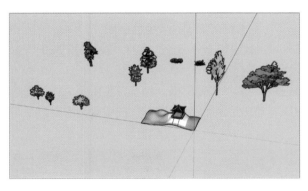

步骤13 然后将植物模型放到合适的位置，效果如下左图所示。

步骤14 打开"日照"开关和"雾化"开关，并对坡地模型赋予"草地"贴图，最终效果如下右图所示。

3.7 光影设定

在SketchUp中，用户可以通过模拟自然界的阳光以达到模拟物体的光影，使模型更具立体感。

3.7.1 设置地理位置参照

由于南北半球的日照情况不同，设置不同的地理位置，光照效果也会有所不同。

首先在菜单栏中执行"窗口❶>模型信息❷"命令，如下左图所示。在打开的"模型信息"对话框中选择"地理位置"选项❶，然后单击"手动设置位置"按钮❷，此时将弹出"手动设置地理位置"对话框，用户可根据需要手动输入地理位置❸，然后单击"确定"按钮❹，如下右图所示。

3.7.2　设置阴影工具栏

在"阴影"选项面板中，用户可对市区、日期和事件等参数进行十分细致的调整，以达到所需的光影效果。

在"默认面板"面板中单击"阴影"折叠按钮，展开"阴影"设置面板，如下左图所示。在该面板中，UTC表示时区，调整时间和日期参数可以改变日照，单击"显示/隐藏阴影"按钮◙，可以开关阴影，如下右图所示。

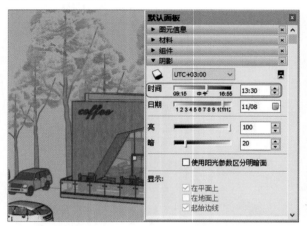

3.7.3　设置物体的投影和受影

在现实世界中，除了极为透明的物体外，在灯光或阳光的照射下物体都会产生阴影效果。在SketchUp中，用户可以根据需要显示或取消显示模型的投影和受影，已到达预期效果。

选择需要修改的模型并单击鼠标右键，在快捷菜单中选择"模型信息"命令，如下左图所示。在"默认面板"面板的"图元信息"选项区域中包含"接收阴影"◙和"投射阴影"◙按钮，如下右图所示。

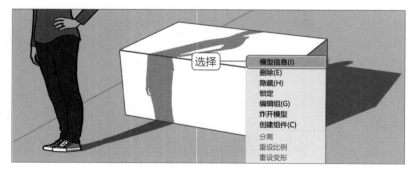
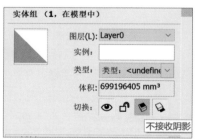

取消"投射阴影"按钮的选中状态，如下左图所示。模型便不会产生阴影，如下右图所示。

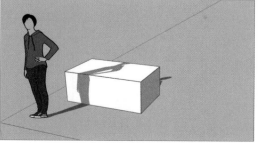

取消"接受阴影"按钮的选中状态，模型上便不会出现阴影，如下右图所示。

上机实训：制作酒柜模型

学习了SketchUp高级绘图工具的应用后，下面通过制作酒柜模型来介绍各种工具在模型制作中的实际应用，具体步骤如下。

步骤 01 酒柜模型由底座、中间矮柜与上部高柜组成，首先使用矩形工具绘制1500mm*450mm的矩形作为底座，如下左图所示。

步骤 02 使用推拉工具，将矩形向上推拉230mm，如下右图所示。

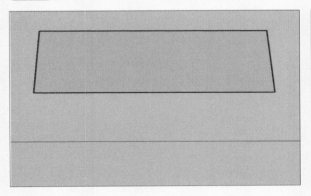

步骤 03 使用偏移工具，将上顶面向内偏移15mm，如下左图所示。

步骤 04 选中模型并右击，在弹出的快捷菜单中选择"创建群组"命令，如下右图所示。

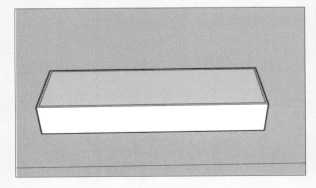
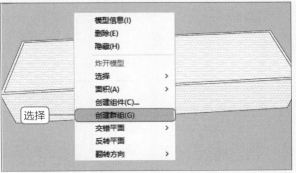

步骤 05 在模型顶角处，使用矩形工具绘制60mm*60mm的正方形，如下左图所示。

步骤 06 使用推拉工具向下推拉400mm，制作出底座支脚，如下右图所示。

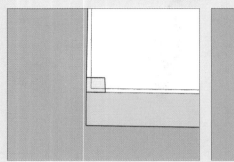 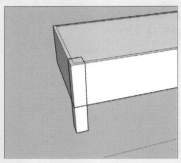

步骤 07 使用直线工具，在支脚内侧绘制底边为10mm的直角三角形，如下左图所示。

步骤 08 选中直角三角形区域，使用推拉工具向后推拉60mm，如下右图所示。

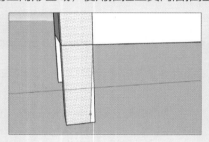 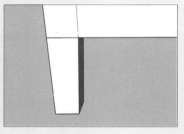

步骤 09 双击选中支脚，选择移动工具并按住Ctrl键，将支脚复制并放于其他3个角，注意支脚斜面朝内，如下左图所示。

步骤 10 选中四个支脚并右击，在弹出的快捷菜单中选择"创建群组"命令，建立群组，如下右图所示。

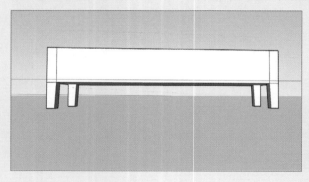 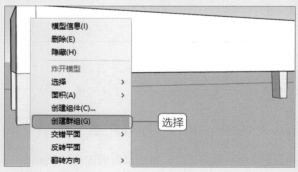

步骤 11 双击箱体进入箱体组件内部，使用推拉工具，将箱体顶面向上推拉5mm，如下左图所示。

步骤 12 退出箱体组件，单击支脚模型，再按住Ctrl键单击箱体模型，单击实体工具工具栏中的"剪辑"按钮，使两个模型进行剪辑，如下右图所示。

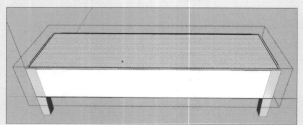 

步骤13 双击进入箱体组件，使用缩放工具将其向内偏移20mm，如下左图所示。

步骤14 选中矩形边线并单击鼠标右键，在弹出的快捷菜单中执行"拆分"命令，将边线拆分为三段。然后使用直线工具将其分为三个等大的矩形，如下右图所示。

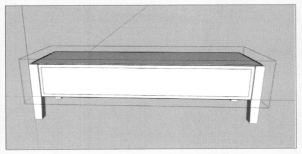
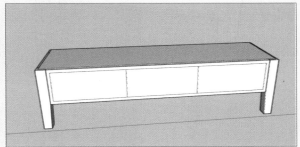

步骤15 使用缩放工具向内缩放15mm，如下左图所示。

步骤16 选中缩放后外圈面积，使用推拉工具向内推拉3mm，如下右图所示。

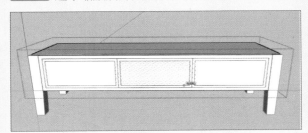
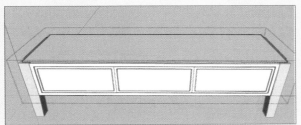

步骤17 在每个抽屉中间使用圆工具绘制直径为10mm的圆形，然后向外拉伸15mm，制作出抽屉把手，酒柜的底座制作完成，如下左图所示。

步骤18 使用矩形工具绘制1500mm*450mm的矩形，制作矮柜，如下右图所示。

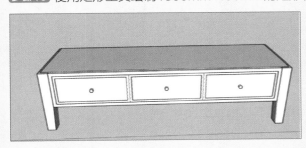
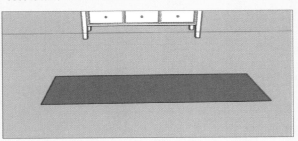

步骤19 选中矩形，使用推拉工具向上推拉580mm，如下左图所示。

步骤20 使用偏移工具，将顶面向内偏移15mm，如下右图所示。

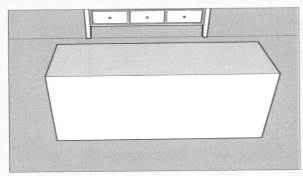
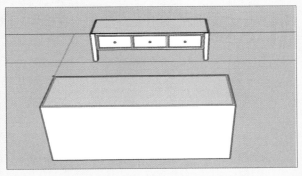

步骤21 使用推拉工具向上推拉6mm，如下左图所示。

步骤22 再使用偏移工具向外偏移15mm，如下右图所示。

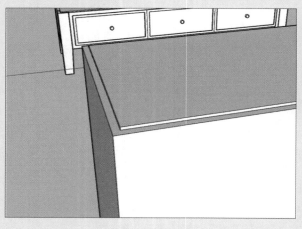 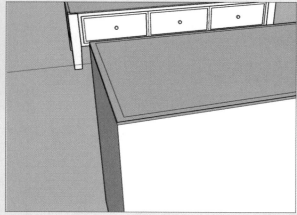

步骤23 在顶面使用推拉工具向上推拉20mm，如下左图所示。

步骤24 柜体两侧面使用偏移工具向内偏移70mm，再使用推拉工具向内推拉5mm，如下右图所示。

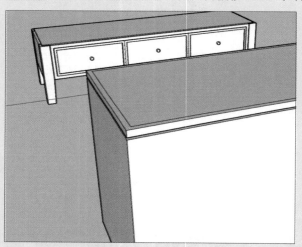 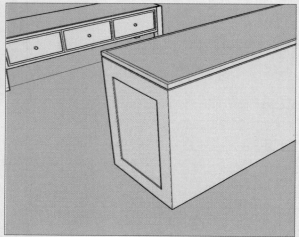

步骤25 选中柜体前面，使用偏移工具向内偏移30mm，再使用推拉工具向内推拉5mm，效果如下左图所示。

步骤26 选中柜体并右击，在弹出的快捷菜单中选择"创建群组"命令，如下右图所示。

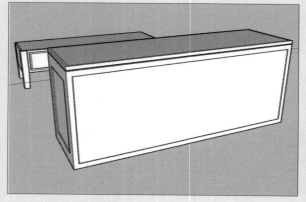 

步骤 27 进入柜体群组，双击柜体前面后，单击鼠标右键，在弹出的快捷菜单中选择"创建群组"命令，建立群组，如下左图所示。

步骤 28 进入前面群组，使用偏移工具向内偏移20mm，如下右图所示。

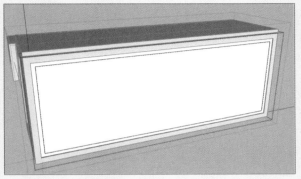

步骤 29 选中矩形边线并单击鼠标右键，在弹出的快捷菜单中执行"拆分"命令，将边线拆分为三段。然后使用直线工具将其分为三个等大的矩形，如下左图所示。

步骤 30 再使用推拉工具向内推拉10mm，效果如下右图所示。

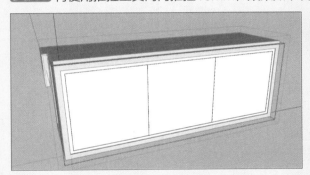
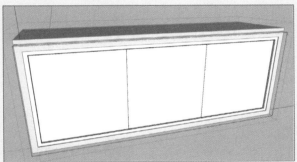

步骤 31 每一段都使用偏移工具向内偏移20mm，效果如下左图所示。

步骤 32 使用直线工具，在每个框内绘制十字的中线，效果如下右图所示。

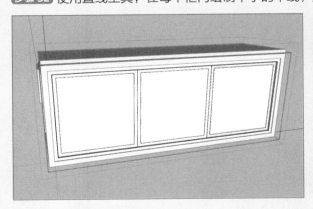
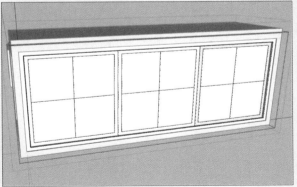

步骤 33 再使用偏移工具，将每个小框向内偏移10mm，如下左图所示。

步骤 34 选中每个偏移后的小框，使用推拉工具向内推拉5mm，制作出玻璃框。矮柜模型制作完成，效果如下右图所示。

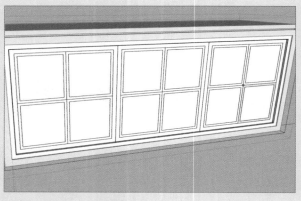
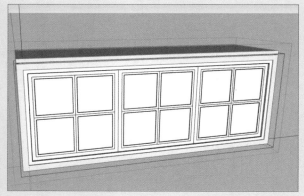

步骤 35 选择矩形工具，绘制1500mm*450mm的矩形，再使用推拉工具向上推拉940mm，效果如下左图所示。

步骤 36 高柜顶面的处理与矮柜相同，使用偏移工具向内偏移15mm，再使用推拉工具向上推拉6mm，如下右图所示。

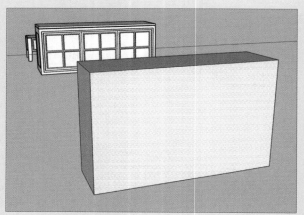

步骤 37 顶面使用偏移工具向外偏移15mm，使用推拉工具向上推拉20mm，如下左图所示。

步骤 38 在高柜前面使用偏移工具，向内偏移20mm，如下右图所示。

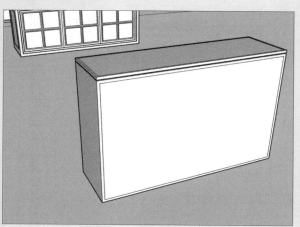

步骤 39 使用推拉工具向内推拉6mm，如下左图所示。

步骤 40 重复上面步骤 38、步骤 39两个步骤，制作出高柜的两层阶梯框，效果如下右图所示。

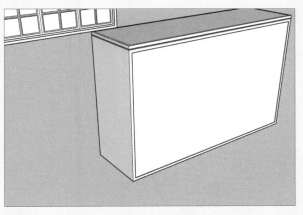 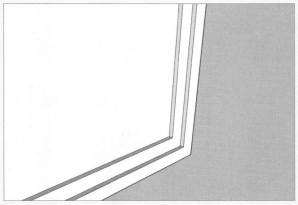

步骤 41 再使用偏移工具，向内偏移20mm，如下左图所示。

步骤 42 选中偏移的矩形，使用推拉工具向内推拉430mm，如下右图所示。

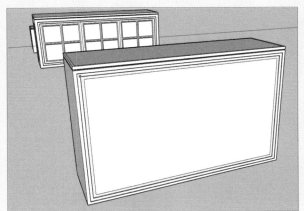 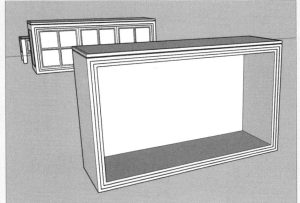

步骤 43 在高柜两侧面使用偏移工具，向内偏移70mm，如下左图所示。

步骤 44 再使用推拉工具向内偏移60mm，如下右图所示。

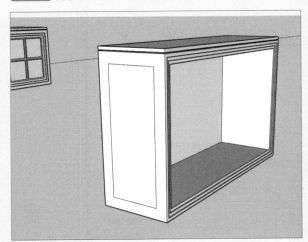 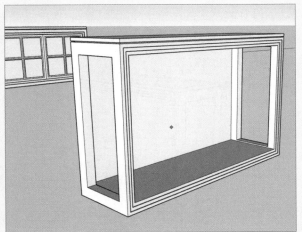

步骤 45 选中高柜框架并右击，在弹出的快捷菜单中选择"创建群组"命令，建立群组，如下左图所示。

步骤 46 双击进入群组，使用矩形工具将高柜两侧封死，如下右图所示。

 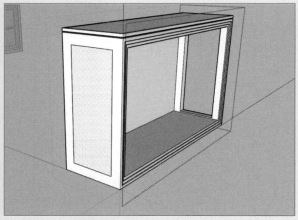

步骤 47 双击选中矩形并右击，在弹出的快捷菜单中选择"创建群组"命令，如下左图所示。

步骤 48 双击进入群组，使用推拉工具向内偏移5mm，制作出玻璃厚度，如下右图所示。

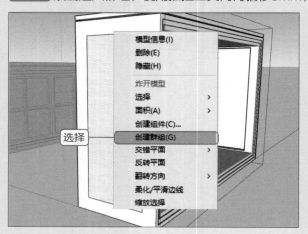 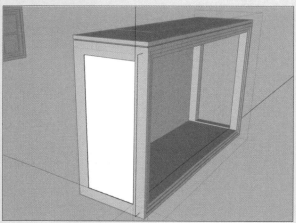

步骤 49 退出玻璃群组，使用移动工具将玻璃模型向内移动10mm，如下左图所示。

步骤 50 在高柜中间制作一个玻璃隔板，使用矩形工具在高柜中间绘制高为10mm、长与高柜等长的矩形，选中矩形并右击，在弹出的快捷菜单中选择"创建群组"命令，如下右图所示。

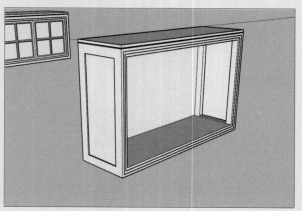 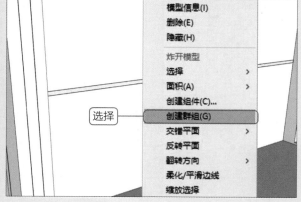

步骤 51 双击进入矩形群组，选择推拉工具并按住Ctrl键向外推拉380mm，如下左图所示。

步骤 52 选择矩形工具，将高柜前面封死，并选中矩形，创建群组，如下右图所示。

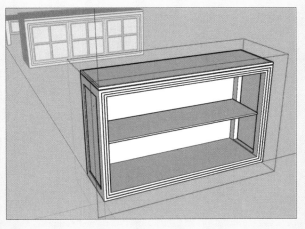
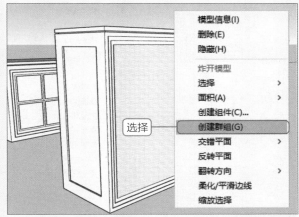

步骤 53 双击进入群组，选中矩形边线并单击鼠标右键，在弹出的快捷菜单中执行"拆分"命令，将边线拆分为三段。然后使用直线工具将其分为三个等大的矩形，如下左图所示。

步骤 54 使用偏移工具，将每个矩形向内偏移45mm，如下右图所示。

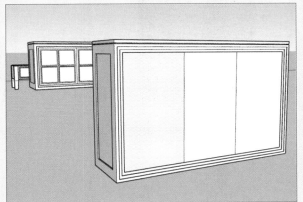
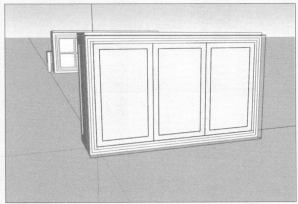

步骤 55 使用推拉工具，将偏移后的矩形向内推拉5mm，如下左图所示。

步骤 56 使用圆工具在框上绘制直径为10mm的圆，再使用推拉工具向外推拉15mm，如下右图所示。

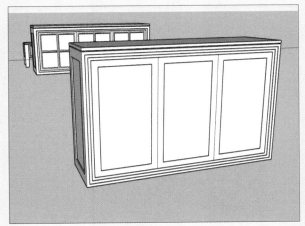
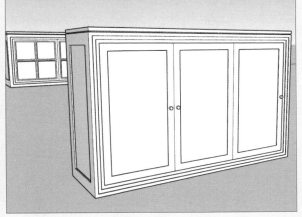

步骤 57 选中高柜全部模型并右击，在弹出的快捷菜单中选择"创建群组"命令，创建群组，如下左图所示。

步骤 58 将底座、矮柜与高柜模型使用移动工具组合在一起，选中全部模型，创建群组，如下右图所示。

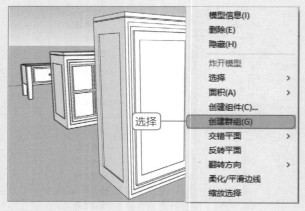 

步骤59 展开"材料"选项面板，选择"木质纹>饰面木板01"材质，如下左图所示。

步骤60 为模型添加材质，效果如下右图所示。

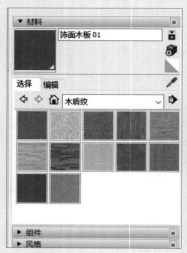 

步骤61 双击进入酒柜群组中，在"材料"选项区域中选择"玻璃和镜子>半透明的玻璃蓝"材质，为模型添加玻璃材质，如下左图所示。

步骤62 制作完成后查看最终效果，如下右图所示。

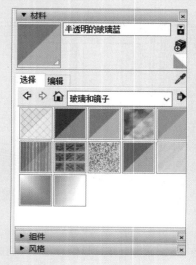 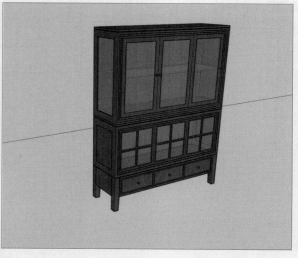

课后练习

1. 选择题

（1）以下不属于群组特性的是（　　）。

    A. 修改联动复制体 　　　　B. 便于移动 　　　　C. 隔离外界 　　　　D. 便于旋转

（2）以下不属于沙盒工具的是（　　）。

    A. 柔化工具 　　　　B. 曲面投射 　　　　C. 对调角线 　　　　D.根据等高线创建

（3）以下属于实体工具的是（　　）。

    A. 组件工具 　　　　B. 外壳工具 　　　　C. 尺寸工具 　　　　D. 群组工具

（4）以下可以被导出的是（　　）。

    A. 曲面 　　　　B. 群组 　　　　C. 组件 　　　　D. 实体模型

2. 填空题

（1）相交工具、剪辑工具、拆分工具、＿＿＿＿＿＿、＿＿＿＿＿＿和＿＿＿＿＿＿组成实体工具栏。

（2）曲面模型可以和＿＿＿＿＿＿建立模型。

（3）物体投影可以选择＿＿＿＿＿＿和＿＿＿＿＿＿。

（4）通过＿＿＿＿＿＿可以保持模型不会被改变。

3. 上机题

学习完本章知识后，用户可以尝试创建一个山地，场景参考如下图所示。

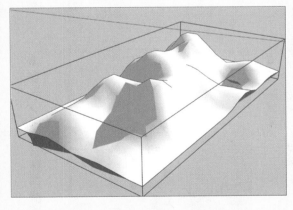 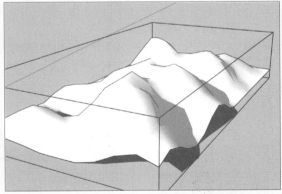

操作提示

    （1）使用网格创建坡地；

    （2）创建完成后需要柔化边线。

Chapter 04 材质与贴图

本章概述

学习了SketchUp建模的相关操作后，本章将对模型的材质设置、材质赋予和贴图使用等操作进行介绍。通过本章内容的学习，用户可以掌握为模型赋予材质和贴图的方式，从而使制作的模型更为真实。

核心知识点

❶ 掌握材质赋予操作
❷ 掌握材质创建操作
❸ 掌握材质编辑操作
❹ 掌握曲面贴图操作

4.1 材质概述

SketchUp的材质工具可以帮助用户更为清晰地展示模型和制作者的意图，并且材质是模型渲染真实质感的前提。

在菜单栏中执行"窗口>默认面板>显示面板"命令，将打开"默认面板"面板，单击"材料"折叠按钮，打开材质设置选项区域（按B键可快速进入材质界面），如下左图所示。单击 图标，可查看模型内所有的材质，如下中图所示。

为了方便建模，SketchUp已预存了很多材质供用户使用。单击右侧的"在模型中的样式"下拉按钮，在下拉列表中可选择默认材质的分类，SkechUp的默认材质分为"三维打印"、"人造表面"、"园林绿化"、地被层和植被"、"图案"、"地毯、织物、皮革、纺织品"、"屋顶"、"指定颜色"、"木质纹"、"水纹"、"沥青和混凝土"、"玻璃和镜子"、"瓦片"、"石头"、"砖、覆层和壁板"、"金属"、"窗帘"和"色彩"等17种，如下右图所示。

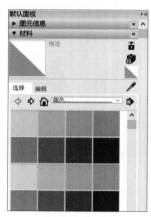

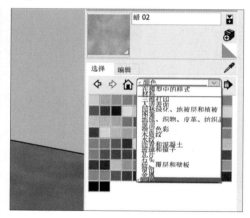

4.2 材质填充

使用材质对模型的单面进行填充，可帮助用户快速区分出模型的形态，也可以提高后期渲染的效率。

4.2.1 单个填充

单个填充就是对模型内的单面进行填充。打开"默认面板"的"材料"选项区域后，选择所需的材质，如下左图所示。然后单击模型需要填充的面，即可填充选择的材质，如下右图所示。

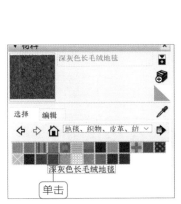 

4.2.2　邻接填充

邻接填充就是对多个面同时进行材质填充。选择所有需要填充的面，如下左图所示。打开"默认面板"面板的"材料"选项区域后，选择所需的材质，如下右图所示。

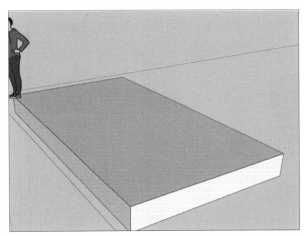 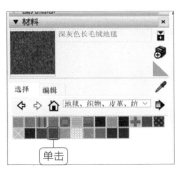

对选择的一个面进行填充，所有的面都会进行填充，如下图所示。

实战练习 制作水池模型 ●

　　学习了SketchUp材质填充的相关操作后，下面通过制作水池模型的操作过程，介绍材质的单个填充和邻接填充的应用，具体步骤如下。

步骤 01 首先调用矩形工具，绘制一个5000mm*5000mm的矩形，如下左图所示。

步骤 02 使用推拉工具，将矩形推拉至1500mm，如下右图所示。

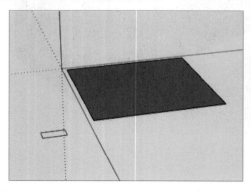 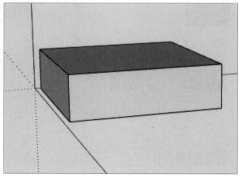

步骤 03 使用偏移工具，对立方体的上表面执行偏移操作，当鼠标指针靠近上表面边时有红点出现，效果如下左图所示。

步骤 04 按住鼠标左键往上表面中心靠拢500mm，完成后释放鼠标左键，效果如下右图所示。

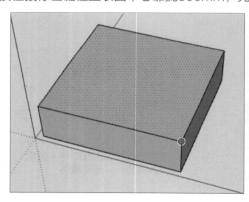 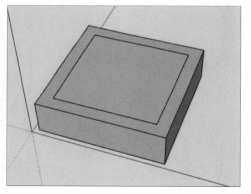

步骤 05 使用推拉工具将模型向下拉伸800mm，如下左图所示。

步骤 06 在"默认面板"中单击"材料"扩展按钮，在打开的"材质"选项区域中选择"材料"材质选项，如下右图所示。

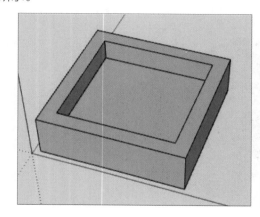 

步骤 07 在"材料"材质选项列表框中选择"水纹"选项，然后选择"水池"材料选项，如下左图所示。

步骤 08 接着单击水池中间部分，执行单个填充操作，效果如下右图所示。

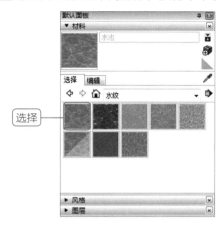
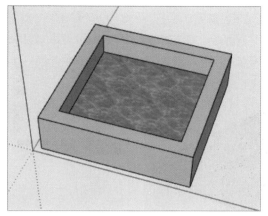

步骤 09 在"材料"材质选项列表框中选择"沥青和混凝土"选项，然后选择 "无缝刻痕混凝土"材料选项，如下左图所示。

步骤 10 按住Ctrl键的同时选择"无缝刻痕混凝土"选项，单击水池的侧面，按住Ctrl键，与之相邻的几个面均被填充，执行邻接填充的效果如下右图所示。

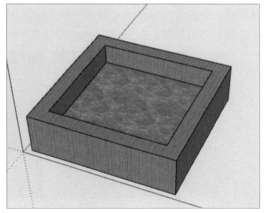

步骤 11 在"材料"材质选项区域中切换至"编辑"选项卡，设置"不透明度"为60%，如下左图所示。

步骤 12 设置完成后查看制作水池模型的效果，如下右图所示。

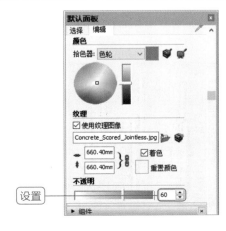
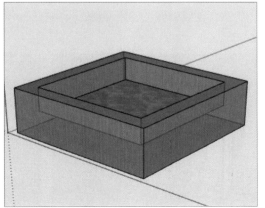

4.2.3 替换填充

替换填充就是使用新的填充覆盖原有的填充。

原材质效果如下左图所示。打开"默认面板"的"材料"选项区域后，选择需要替换填充的面并选择新的材质，如下中图所示。单击将新材质覆盖原材质，效果如下右图所示。

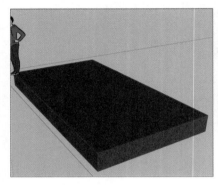  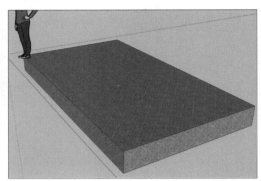

实战练习 制作厂房模型

学习了SketchUp材质替换填充的相关操作后，下面通过制作厂房模型的操作方法介绍材质填充操作的应用，具体步骤如下。

步骤 01 调用矩形工具，绘制一个300mm*300mm的矩形，如下左图所示。

步骤 02 调用推拉工具，将矩形推拉至5000mm，如下右图所示。

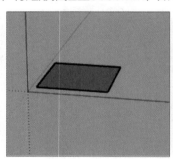 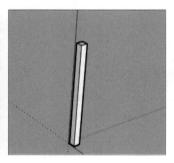

步骤 03 选中刚做好的柱子并右击，在弹出的快捷菜单中选择"创建组件"命令，在弹出的"创建组件"对话框中自行定义组件#1，单击"创建"按钮。使用移动工具将柱子移动3000mm，并按住Ctrl键进行复制，如下左图所示。

步骤 04 重复上一步骤，创建组件，使用移动工具将柱子移动7500mm，并按住Ctrl键执行复制操作，如下右图所示。

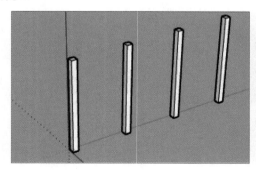 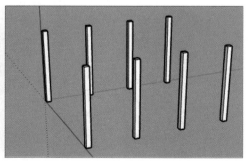

步骤 05 使用矩形工具在柱子上端绘制150mm*300mm的矩形，如下左图所示。

步骤 06 使用推拉工具，将矩形拉至最后一根柱子作为梁，如下右图所示。

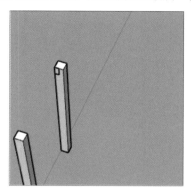 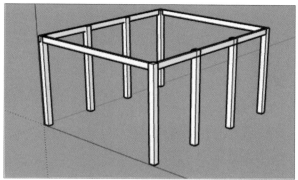

步骤 07 使用矩形工具在柱子外侧制作矩形，如下左图所示。

步骤 08 使用推拉工具，将矩形推拉至150mm，如下右图所示。

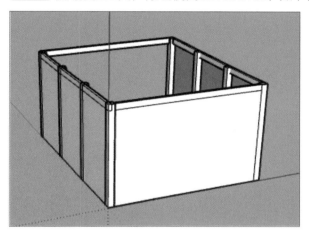 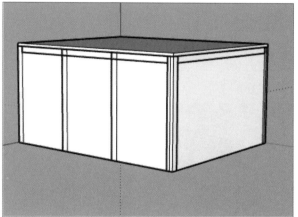

步骤 09 选中制作的模型并右击，在弹出的快捷菜单中选择"炸开模型"命令。然后选择橡皮擦工具，按住Shift键的同时单击外面的边线，隐藏边线，如下左图所示。

步骤 10 在"默认面板"中单击"材料"扩展按钮，在打开的"材质"选项区域中选择"材料"材质选项，如下右图所示。

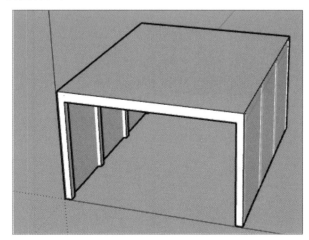 

步骤11 在"材料"材质选项列表框中选择"指定色彩"选项❶，然后选择"0107午夜蓝"颜色选项❷，如下左图所示。

步骤12 单击厂房上面部分，执行单个填充操作，效果如下右图所示。

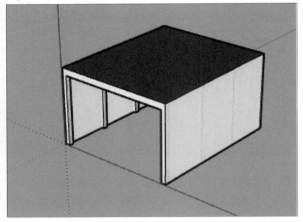

步骤13 按住Ctrl键的同时选择"0105海军蓝"颜色选项，单击厂房的侧面，按住Ctrl键，与之相邻的几个面均填充，执行邻接填充的效果如下左图所示。

步骤14 选择"0110浅石板灰"颜色选项，按住Shift键，单击刚填充的面，将当前材质替换所选择表面的材质，效果如下右图所示。

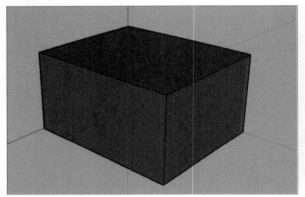
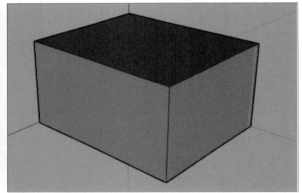

步骤15 选择油漆桶工具，按住Alt键的同时单击厂房的上面，进行材料采样，提取的材质用于厂房的上梁和前侧填充，效果如下图所示。

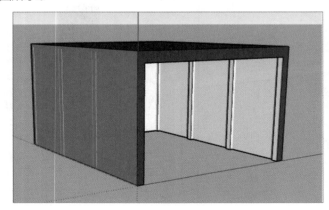

4.2.4 提取材质

在SketchUp中，通过提取材质操作可以直接提取现有的材质，省去寻找材质的过程。打开"默认面板"的"材料"选项区域，单击"样本颜料"按钮✏，如下左图所示。然后在模型上单击需要提取的材质进行提取（按住Alt键可直接提取），如下右图所示。

 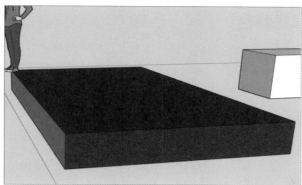

单击需要填充的面进行填充，效果如下右图所示。

4.2.5 组或组件填充

组或组件与外界产生分割，其填充操作与其他模型的填充方式不同。双击进入组件或组编辑，选择需要填充的材质，如下左图所示。在组件编辑状态，对组或组件内部的面进行填充，如下右图所示。

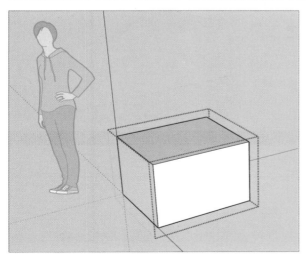 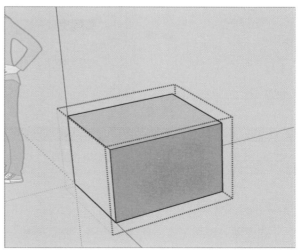

4.3 材质编辑

当SketchUp默认材质不能满足用户的建模需求时，则需要手动修改一些材质的属性满足需求。选择和提取材质之后，用户可以在材质操作选项区域的"编辑"选项卡下进行材质的修改。

4.3.1 材质颜色

打开"默认面板"的"材料"选项区域，选择一种材质，如下左图所示。然后在模型上填充一个面，如下中图所示。然后切换至"编辑"选项卡，进入材质编辑界面，如下右图所示。

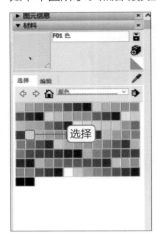 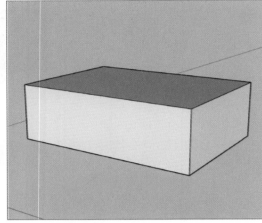 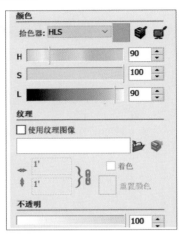

材质的颜色编辑有色轮、HLS、HSB和GRB四种模式，如下左图所示。用户可以根据需要选择颜色模式，然后设置相关参数，如下中图所示。颜色经过调整改变后，之前填充的面也会随之改变，效果如下右图所示。

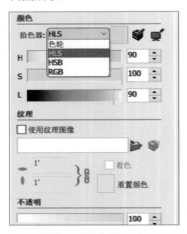  

提示：改变纹理颜色

在SketchUp中使用纹理图像时，改变材质的颜色可以影响到纹理的颜色，从而制作出更为适合的材质。

4.3.2 材质纹理

原模型效果如下左图所示。打开"默认面板"的"材料"选项区域，在"编辑"选项卡❶下的"纹理"选项区域❷勾选"使用纹理图案"复选框❸，如下中图所示。选择一个纹理图案后，模型中会出现相应的纹理效果，如下右图所示。

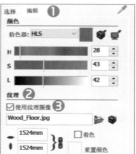

在"编辑"选项卡下设置长宽值，如下左图所示。可以改变材质的大小，效果如下右图所示。

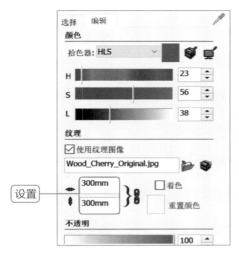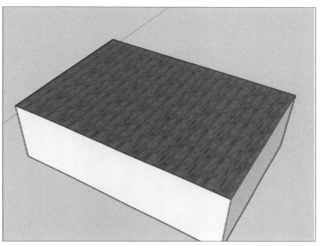

长宽关联会导致一个数值改变会联动另一个数值，单击"锁定/解除锁定图像高宽比"按钮❶，可以取消长宽关联，单独输入长度和宽度的值❷，如下左图所示。设置后的效果如下右图所示。

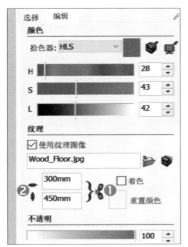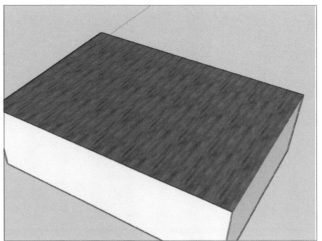

用户可以选择填充后的面，单击鼠标右键，在弹出的快捷菜单中选择"纹理>位置"命令，如下左图所示。之后会出现四个图标对应四种功能，如下右图所示。

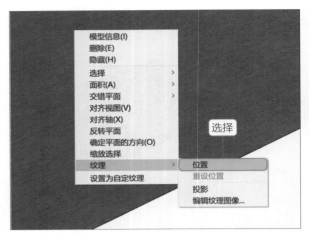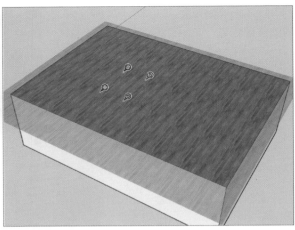

拖动蓝色图标可以拉长或缩短纹理，如下左图所示。拖动红色图标可以移动纹理的显示部位，如下右图所示。

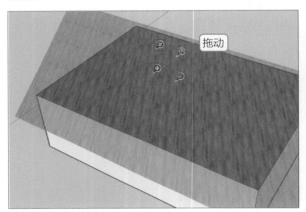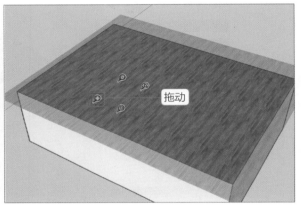

拖动绿色图标可以旋转纹理，如下左图所示。拖动黄色图标可以扭曲纹理，如下右图所示。

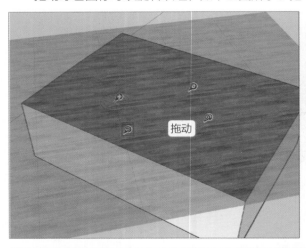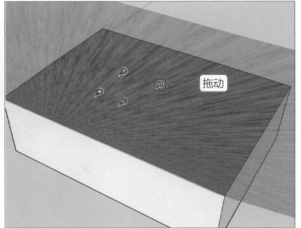

提示：材质的查看

如果场景中的模型已经指定了材质，可以单击"在模型中"按钮进行查看。另外，还可以单击"样本颜料"按钮直接在模型的表面吸取其具有的材质。

实战练习 创建桌子模型

　　材质是模型在渲染时产生真实质感的前提，下面介绍创建桌子模型后，使用木质纹材质对其进行填充的操作方法，具体步骤如下。

步骤 01 使用矩形工具，制作一个100mm*100mm的矩形，如下左图所示。

步骤 02 使用推拉工具，将矩形推拉至690mm，如下右图所示。

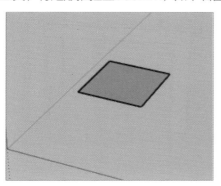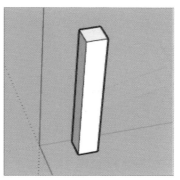

步骤 03 选中刚做好的桌腿并右击，在弹出的快捷菜单中选择"创建组件"命令，弹出"创建组件"对话框，自行定义组件#1，单击"创建"按钮。使用移动工具移动870mm，并按住Ctrl键进行复制，重复上一步骤，再移动560mm，如下左图所示。

步骤 04 使用矩形工具在桌腿上侧绘制一个100mm*100mm的矩形，如下右图所示。

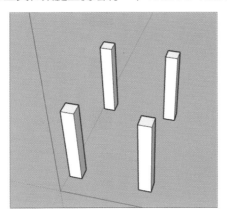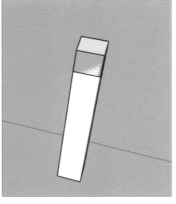

步骤 05 使用推拉工具，将矩形拉至最后一根桌腿，并创建组件，如下左图所示。

步骤 06 利用卷尺工具，画出辅助线，桌面的一角定点，如下右图所示。

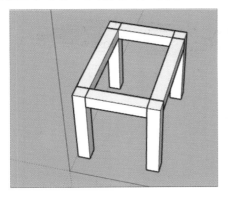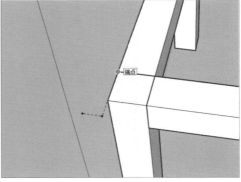

步骤 07 使用矩形工具，利用参考点制作一个1070mm*760mm的矩形作为桌面，再使用擦除工具，把参考线擦除，如下左图所示。

步骤 08 使用推拉工具，将矩形推拉至20mm，如下右图所示。

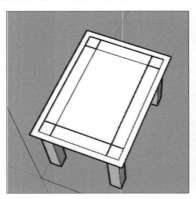 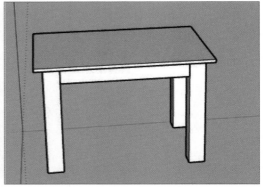

步骤 09 在"工具"菜单栏❶中选择"材质"命令❷，如下左图所示。

步骤 10 在界面右侧将打开"默认面板"面板，打开"材料"选项区域，在"选择"选项卡下选择"木质纹"选项，如下右图所示。

步骤 11 然后选项下方的"饰面木板01"材质，如下左图所示。

步骤 12 单击桌子的上面，效果如下右图所示。

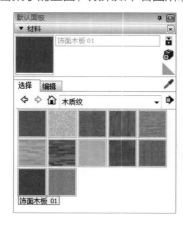 

步骤13 按住Ctrl键，选择"饰面木板01"材质后，单击桌子的侧面，与之相邻的几个面均填充完成，如下左图所示。

步骤14 在步骤05中已经为桌腿创建组件，选择"原色樱桃木"材质，如下右图所示。

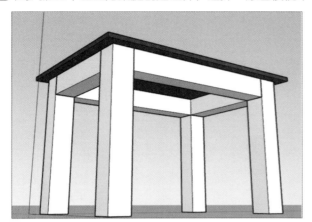 

步骤15 单击桌腿的任意一面，组件内的所有面均填充完成，效果如下图所示。

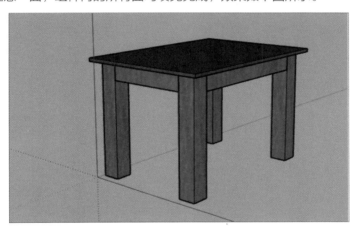

4.3.3 材质透明度

打开"默认面板"的"材料"选项区域，在"编辑"选项卡下方有"不透明"的调节条，用户可以拖动颜色滑块或直接在右侧数值框中输入数值，来调节透明度值，如下左图所示。材质透明度的数值越小，颜色越透明，如下右图所示。

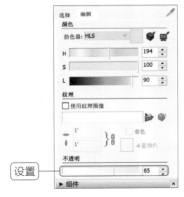 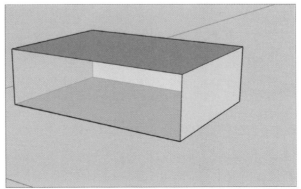

4.4 贴图创建

在SketchUp中，用户可以将平时收集的贴图制作成自己独有的材质。

4.4.1 贴图的使用和创建

原模型效果如下左图所示。打开"默认面板"的"材料"选项区域，单击"创建材质"按钮，如下中图所示。在打开的"创建材质"对话框中设置新材质的相关参数，如下右图所示。

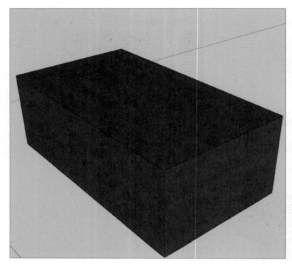 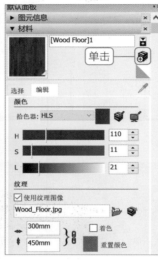 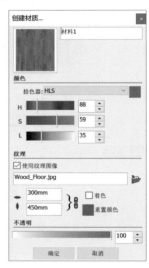

单击"确定"按钮，完成材质的创建，返回"默认面板"面板的"材料"选项区域查看效果，如下左图所示。将贴图材质赋予模型后，效果如下右图所示。

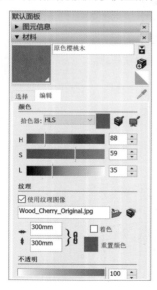 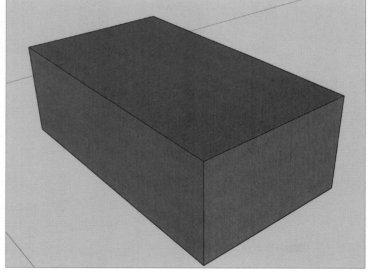

实战练习 制作庭院灯模型

学习了SketchUp材质应用的相关知识后，下面将介绍使用赋予材质、制作材质和组件工具等制作庭院灯模型并赋予材质的操作方法，具体步骤如下。

步骤 01 首先使用矩形工具绘制一个300mm*300mm的矩形，如下左图所示。

步骤 02 使用推拉工具将矩形向上推拉5mm，如下右图所示。

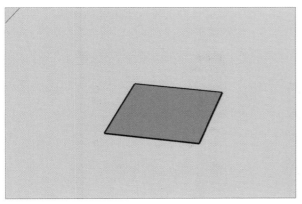 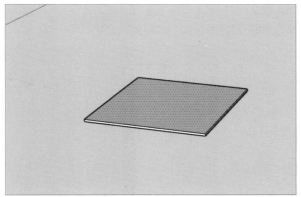

步骤 03 使用偏移工具将矩形向内偏移15mm，如下左图所示。

步骤 04 再使用推拉工具将矩形向上推拉300mm，如下右图所示。

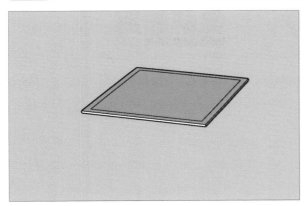 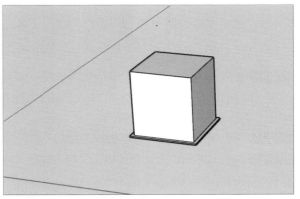

步骤 05 在矩形顶面使用偏移工具向内偏移25mm，再使用推拉工具向上推拉350mm，如下左图所示。

步骤 06 使用偏移工具在矩形顶面向外偏移25mm，再使用推拉工具向上推拉1000mm，如下右图所示。

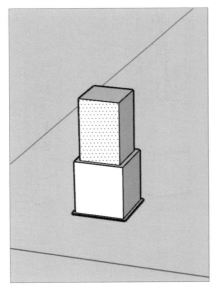 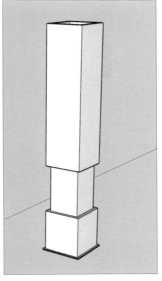

步骤 07 使用偏移工具分别在灯的四个面向内偏移25mm，如下左图所示。

步骤 08 接着使用推拉工具向内推拉10mm，如下中图所示。

步骤 09 在"默认面板"中单击"材料"扩展按钮，在打开的"材质"选项区域中单击"创建材质"按钮，如下右图所示。

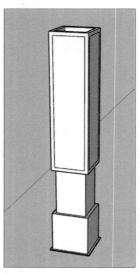 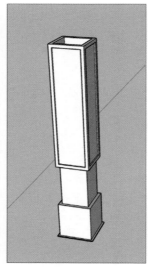 

步骤 10 在打开的"创建材质"对话框中勾选"使用纹理图像"复选框，在打开的"选择图像"对话框中选择"梅.jpg"图像文件，单击"打开"按钮。接着在"创建材质"对话框中设置大小为550mm*2375mm，单击"确定"按钮，如下左图所示。

步骤 11 执行赋予材质操作，将梅花图片赋予到灯的四个面，如下中图所示。

步骤 12 在庭院灯的顶面使用偏移工具向内偏移10mm，然后使用推拉工具向上推拉1000mm，效果如下右图所示。

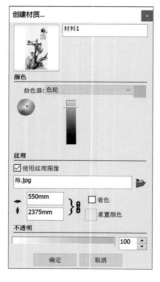 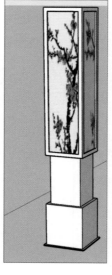 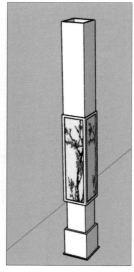

步骤 13 将庭院灯柱体内部的四个面和四条线删除，如下左图所示。

步骤 14 接着使用直线工具将顶面封上并删除上面，如下中图所示。

步骤 15 使用推拉工具将内矩形向上推拉20mm，如下右图所示。

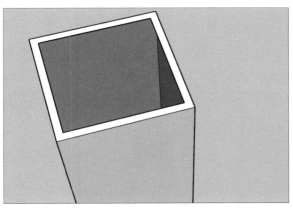 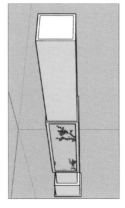 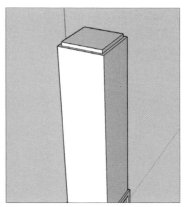

步骤16 使用偏移工具将顶面向外偏移30mm，再使用推拉工具向上推拉20mm，删除顶面多余的线，如下左图所示。

步骤17 使用矩形工具制作一个270mm*1000mm的矩形，如下中图所示。

步骤18 使用直线工具和偏移工具在矩形上绘制合适的纹路，如下右图所示。

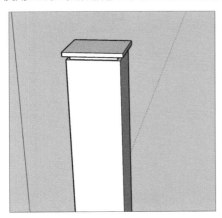 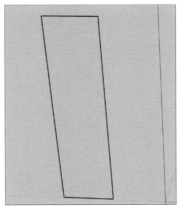 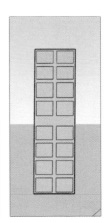

步骤19 将上面的矩形删除，然后使用推移工具向外推移10mm，如下左图所示。

步骤20 全选该模型块并右击，然后在弹出的快捷菜单中选择"创建组件"命令，进行成组操作，如下中图所示。

步骤21 执行"复制"操作，将组件复制出4个，如下右图所示。

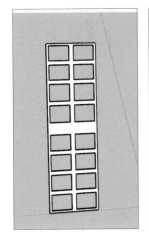 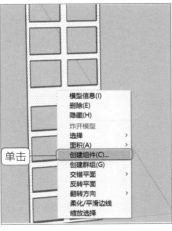 

步骤 22 使用移动工具将其中两个组件旋转90°，如下左图所示。

步骤 23 使用移动工具将组件移动到合适的位置，如下中图所示。

步骤 24 在"默认面板"的"材料"选项区域中选择"指定色彩"选项❶，在下拉列表框中选择"0137黑色"选项❷，如下右图所示。

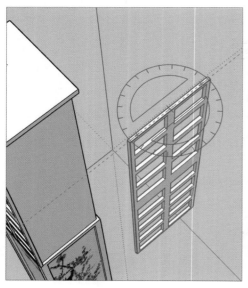 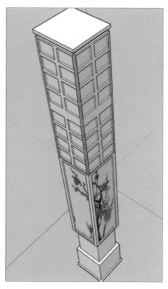 

步骤 25 执行赋予材质操作，将黑色材质赋予合适的位置，如下左图所示。

步骤 26 打开"创建材质"对话框，选择一个合适的颜色，调整其"不透明"值为50，制作新的玻璃材质，如下中图所示。

步骤 27 对新建材质执行赋予材质操作，赋予到合适的位置，最终效果如下右图所示。

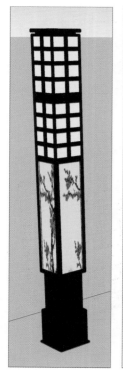 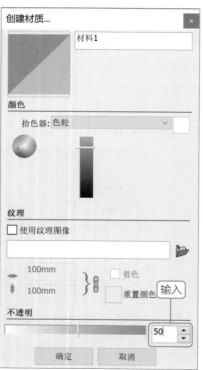 

4.4.2 曲面贴图

下面以具体案例的形式介绍SketchUp中曲面贴图的应用方法。

首先使用沙盒工具制作出曲面，如下左图所示。执行二维图像导入操作，将所需的贴图导入SketchUp，如下右图所示。

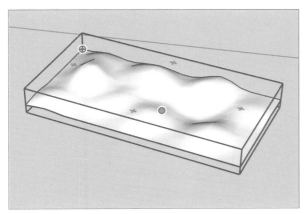 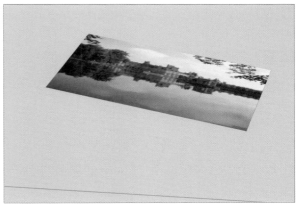

使用缩放工具和移动工具将贴图等大小放到曲面上，如下左图所示。右击上面的贴图，在弹出的快捷菜单中选择"炸开模型"命令，对模型执行炸开操作，如下右图所示。

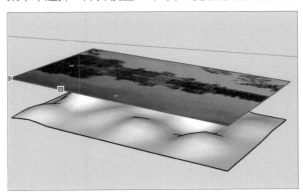 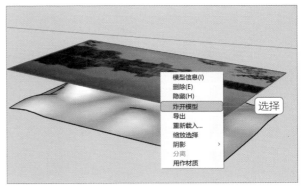

打开"默认面板"的"材料"选项区域，单击"样本颜料"按钮✎，吸取贴图的图案，得到的面板中的效果如下左图所示。进入曲面组，将材质赋予曲面，效果如下右图所示。

上机实训：创建草坪灯模型

　　学习了SketchUp材质应用与编辑的相关知识后，下面将介绍使用赋予材质、制作材质和组件工具等功能制作草坪灯的操作方法，具体步骤如下。

步骤 01 首先使用矩形工具绘制400mm*400mm的矩形，然后使用推拉工具向上推拉40mm，如下左图所示。

步骤 02 使用偏移工具将矩形向内偏移20mm后，再向上偏移100mm，如下右图所示。

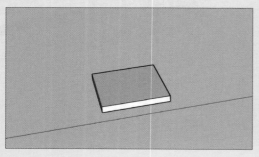
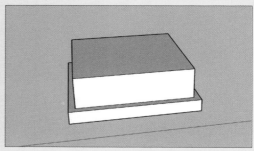

步骤 03 接着向外偏移20mm，然后使用推拉工具向上推拉400mm，如下左图所示。

步骤 04 使用直线工具将上方顶面封闭，效果如下右图所示。

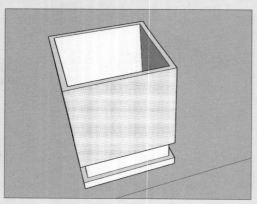
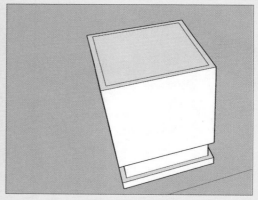

步骤 05 使用推拉工具向上推拉20mm，如下左图所示。

步骤 06 使用偏移工具将顶面向外偏移50mm，然后使用推拉工具向下推拉25mm，删除顶面的多余线，如下右图所示。

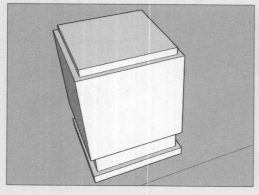
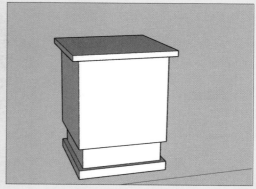

步骤 07 使用偏移工具将中间矩形体的四面向内偏移30mm，效果如下左图所示。

步骤 08 使用推拉工具对偏移出的四个平面向内推拉10mm，效果如下右图所示。

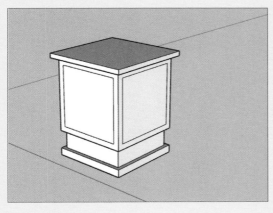 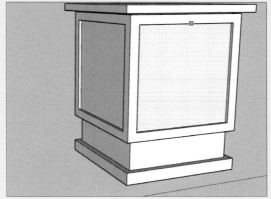

步骤 09 将其中一面复制出来并在其上使用直线工具绘制合适的图案，如下左图所示。

步骤 10 删除多余的面，然后使用推拉工具对余下的部分推拉10mm，如下右图所示。

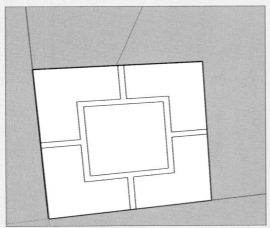 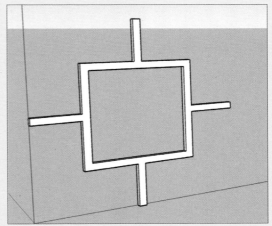

步骤 11 全选该模型块并右击，然后在弹出的快捷菜单中选择"创建组件"命令，执行成组操作，如下左图所示。

步骤 12 使用移动工具将组件放到合适的位置，如下右图所示。

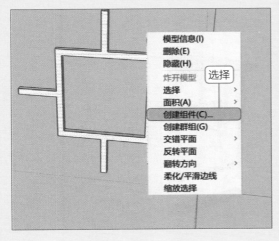 

步骤13 在"默认面板"中单击"材料"扩展按钮❶，在打开的"材质"选项区域中单击"创建材质"按钮❷，如下左图所示。

步骤14 打开"创建材质"对话框，选择一个合适的颜色，调整其"不透明"值为50，制作新的玻璃材质，如下右图所示。

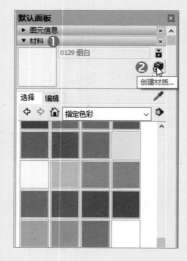
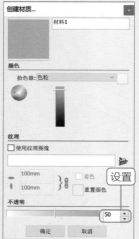

步骤15 将创建出的新材质赋予到草坪灯的合适位置，如下左图所示。

步骤16 在"默认面板"的"材料"选项区域中选择"指定色彩"选项❶，在下拉列表框中选择"0137黑色"选项❷，如下右图所示。

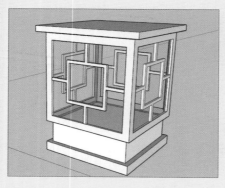

步骤17 将材质赋予到草坪灯的合适位置，如下左图所示。

步骤18 全选所有模型并右击，在快捷菜单中选择"创建组件"命令，如下右图所示。

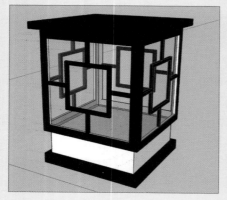
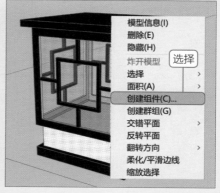

课后练习

1. 选择题

（1）以下不属于材质编辑的是（　　）。

    A. 颜色　　　　　　　　　　B. 图案　　　　　　　　C. 纹理　　　　　　　　D. 不透明

（2）以下不属于颜色编辑的是（　　）。

    A. USB　　　　　　　　　　B. HLS　　　　　　　　C. HSB　　　　　　　　D. RGB

（3）以下属于材质编辑的是（　　）。

    A. 材质图案　　　　　　　　B. 材质效果　　　　　　C. 纹理　　　　　　　　D. 材质面

（4）在进行材质提取操作时，按住（　　）键可以吸取材质。

    A. Ctrl　　　　　　　　　　B. Alt　　　　　　　　C. Tab　　　　　　　　D. Shift

2. 填空题

（1）在使用纹理贴图的情况下，改变材质的_____能够改变纹理贴图的颜色。

（2）材质的颜色编辑有_____、_____、_____和_____四种颜色编辑模式，用户可以根据需要对颜色进行设置。

（3）在SketchUp中，用户可以使用_____来制作曲面的材质。

（4）打开"默认面板"的"材料"选项区域，在"编辑"选项卡下的"纹理"选项区域通过设置_____的值，可以改变材质的大小。

3. 上机题

    学习了材质和贴图的相关操作后，用户可以利用本章所学习的知识创建一个材质，场景参考图片如下图所示。

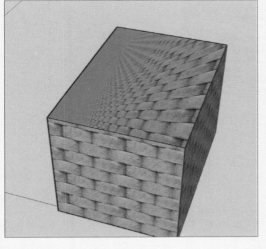
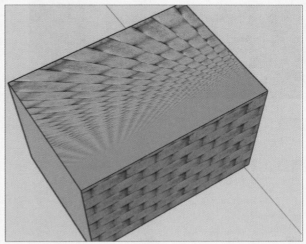

操作提示

    （1）使用颜色调节材质颜色；

    （2）使用"纹理位置"功能调节材质。

Chapter 05 文件的导入和导出

本章概述

应用SketchUp的导入和导出功能可以联动其他软件，帮助用户节省建模的步骤和时间。本章将对在SketchUp中进行文件导入和导出的相关操作进行详细介绍。

核心知识点

❶ 掌握AutoCAD文件的导入和导出操作
❷ 掌握二维图像文件的导入和导出操作
❸ 掌握剖切面文件的导出操作
❹ 掌握3DS文件的导入和导出操作

5.1 文件导入

SketchUp的导入功能可以将其他软件的文件导入软件中使用，方便用户进一步的建模，本节介绍将AutoCAD文件、3DS文件和二维文件导入SketchUp中的操作方法。

5.1.1 导入AutoCAD文件

在AutoCAD中进行平面制图比SketchUp更为方便，用户可以在AutoCAD中制作一些复杂的平面图，再将其导入SketchUp进行建模，下面介绍具体的操作步骤。

步骤 01 在AutoCAD中绘制图形并保存，如下左图所示。

步骤 02 打开SketchUp后，在菜单栏中执行"文件❶>导入❷"命令，如下右图所示。

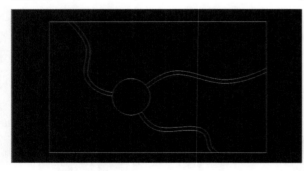
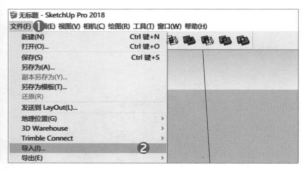

步骤 03 打开"导入"对话框，然后单击右下角的文件格式选择下拉按钮❶，在下拉列表中选择"AutoCAD文件"选项❷，如下左图所示。

步骤 04 选择需要导入的AutoCAD文件❶，单击"导入"按钮❷，如下右图所示。

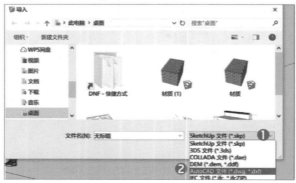
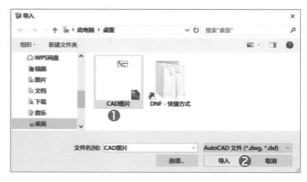

步骤 05 此时会弹出"导入结果"对话框，单击"关闭"按钮，如下左图所示。

步骤 06 导入AutoCAD文件后的效果，如下右图所示。

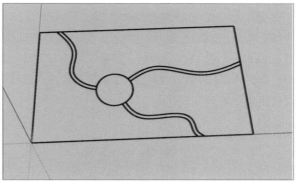

5.1.2 导入3DS文件

使用3ds Max进行曲面建模比SketchUp更为方便，用户可以在3ds Max中制作一些复杂的曲面模型，再将其导入SketchUp中进行建模。下面介绍将3DS文件导入SketchUp中的操作方法。

步骤 01 打开SketchUp后，在菜单栏中执行"文件❶>导入❷"命令，如下左图所示。

步骤 02 打开"导入"对话框，然后单击对话框右下角的下拉按钮，在下拉列表中选择"3DS文件"选项❶，然后选择所需的3DS文件❷，单击"导入"按钮❸，如下右图所示。

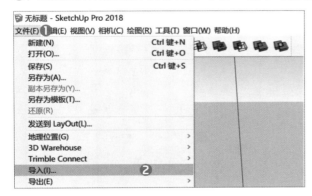

步骤 03 此时会弹出"导入结果"对话框，单击"关闭"按钮，如下左图所示。

步骤 04 导入3ds Max文件后的效果，如下右图所示。

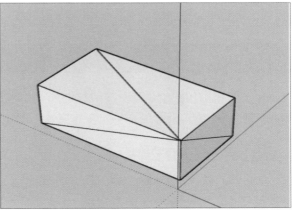

5.1.3 导入二维图像文件

在SketchUp中执行导入二维图像操作，可以将图片导入SketchUp作为背景或者素材，下面具体介绍将二维图像文件导入SketchUp的操作步骤。

步骤01 打开SketchUp后，在菜单栏中执行"文件❶>导入❷"命令，如下左图所示。

步骤02 打开"导入"对话框，单击对话框右下角的下拉按钮，在下拉列表中选择"所有支持的图像类型"选项❶（用户可以选择jpg、png和bmp等图片格式进行图片导入），然后选择所需的图像文件❷，单击"导入"按钮❸，如下右图所示。

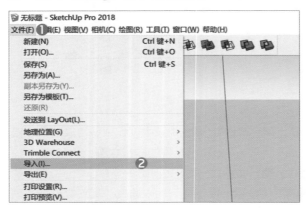
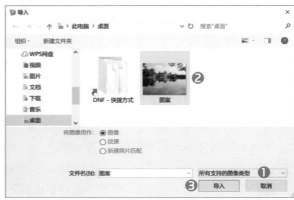

步骤03 导入后图片自成群组，如下左图所示。

步骤04 处理过的png图片导入后可以产生镂空效果，如下右图所示。

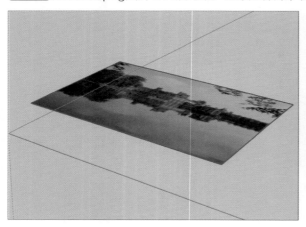
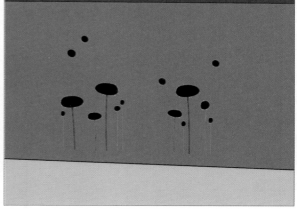

5.2 文件导出

SketchUp的导出功能可以导出不同软件的文件格式，从而进行进一步处理。本节将介绍从SketchUp中将文件导出为AutoCAD文件、三维文件、二维图像文件和二维剖切文件的操作方法。

5.2.1 导出AutoCAD文件

在SketchUp中，用户可以将整体模型的总平面或者立面导出成AutoCAD文件，然后在AutoCAD中进行进一步深化处理，下面介绍具体操作方法。

步骤 01 在SketchUp中打开文件后，通过移动视角，调到自己需要的视角，如下左图所示。

步骤 02 在菜单栏中执行"文件❶>导出❷>二维图形❸"命令，如下右图所示。

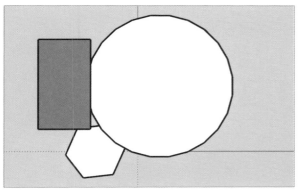 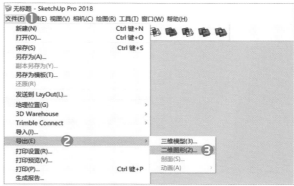

步骤 03 此时会弹出"输出二维图形"对话框，在"文件名"文本框中输入文件的名称❶，单击"保存类型"下三角按钮，选项AutoCAD DWG选项❷，单击"导出"按钮❸，如下左图所示。

步骤 04 导出后的AutoCAD文件效果，如下右图所示。

 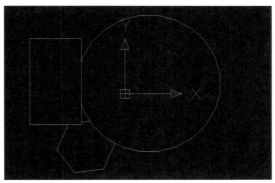

5.2.2　导出三维文件

在SketchUp中执行导出三维文件操作，可以将整体模型导出成其他建模文件，然后在其他软件中进行进一步深化，下面介绍具体操作步骤。

步骤 01 在菜单栏中执行"文件❶>导出❷>三维模型❸"命令，如下左图所示。

步骤 02 此时会弹出"输出模型"对话框，在"文件名"文本框中输入文件的名称❶，单击"保存类型"下三角按钮，选项导出的文件类型，这里选项"3DS文件"选项❷，单击"导出"按钮❸，如下右图所示。

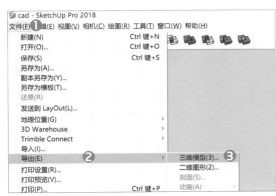 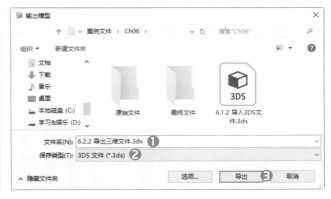

步骤 03 此时将弹出"导出进度"对话框，如下左图所示。

步骤 04 执行导出操作后会弹出"3DS导出结果"对话框，单击"确定"按钮，即可查看效果，如下右图所示。

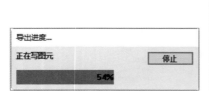

5.2.3 导出二维图像文件

在SketchUp中，用户可以将整体模型的总平面或者立面导出成二维图形文件，然后再进一步深化。

在SketchUp中打开文件后，首先通过移动视角，调到自己需要的视角，如下左图所示。然后在菜单栏中执行"文件❶>导出❷>二维图形❸"命令，如下右图所示。

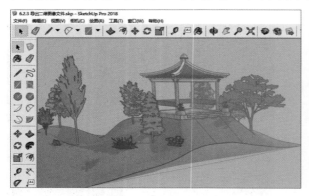

打开"输出二维图形"对话框后，在"文件名"文本框中输入文件名称❶，在"保存类型"下来列表中选择所需的图片格式❷，单击"导出"按钮❸，如下左图所示。导出的图片文件如下右图所示。

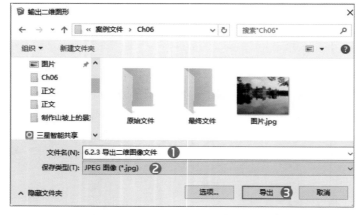

5.2.4 导出二维剖切文件

在SketchUp中，使用剖切工具可以导出模型数据精确的剖切面，通过其他软件对导出的剖切面图片进行修改可以到达更好的效果，从而获得需要的作图素材。

首先执行剖切操作，使用移动工具得到需要的剖切面，如下左图所示。在菜单栏中执行"文件❶>导出❷>剖面❸"命令，如下右图所示。

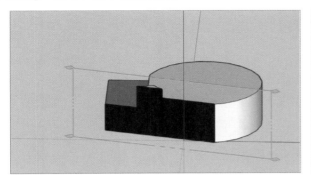

打开"输出二维剖面"对话框后，在"文件名"文本框中输入文件名称❶，在"保存类型"下来列表中选择需要的格式选项❷，单击"导出"按钮❸，如下左图所示。导出的剖面文件如下右图所示。

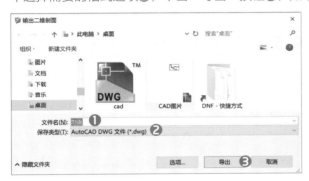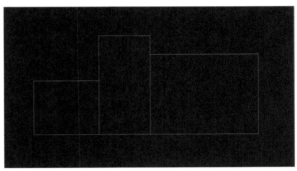

上机实训：城市道路模型制作与导出

通过本章内容的学习，相信读者对文件的导入和导出操作已经非常熟悉了，下面通过制作城市道路并导出为JPG图像格式为例，进一步巩固所学的知识。

步骤 01 首先使用矩形工具制作一个50000mm*200000mm的矩形，如下左图所示。

步骤 02 寻找到50000mm两条边的中点后，使用直线工具将两者连接，如下右图所示。

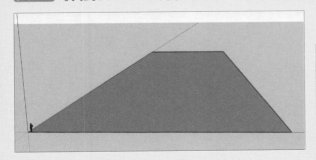

步骤 03 使用直线工具绘制两条距离中线500mm的平行线段并删除中线，如下左图所示。

步骤 04 在中间矩形的左右两边各自使用直线工具制作出4条间距3500mm的平行线段，如下右图所示。

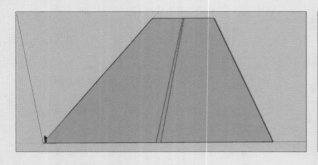 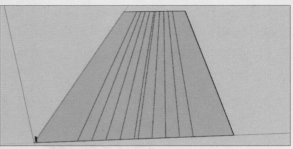

步骤 05 使用矩形工具制作200mm*1500mm的矩形，如下左图所示。

步骤 06 使用移动工具将矩形放置到所绘制的8条平行线段中的1条上，如下右图所示。

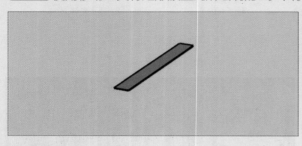 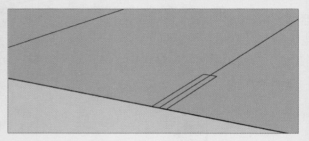

步骤 07 删除平行线段，执行复制操作，将矩形复制79个并间隔2500mm，如下左图所示。

步骤 08 使用相同的方法将其他5条路也做成虚线，如下右图所示。

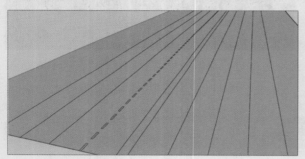 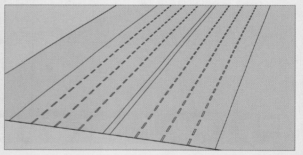

步骤 09 使用偏移工具将道路中间矩形偏移50mm，如下左图所示。

步骤 10 在"默认面板"的"材料"选项区域中选择"砖、覆层和壁板"选项，在下拉列表框中选择"白色灰泥覆层"材质选项，如下中图所示。

步骤 11 将材质赋予到边缘外围，效果如下右图所示。

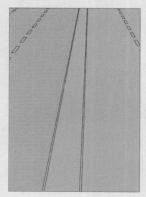  

步骤12 使用推拉工具将外围抬高至40mm，如下左图所示。

步骤13 在"默认面板"的"材料"选项区域中选择"园林绿化、地被层和植被"选项，在下拉列表框中选择"模糊植被02"材质选项，将材质赋予到中间区域，如下中图所示。

步骤14 将材质赋予道路的中间区域，效果如下右图所示。

 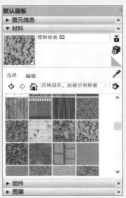 

步骤15 使用推拉工具将中间区域推拉100mm，如下左图所示。

步骤16 将"树.skp"素材文件导入到模型中，如下右图所示。

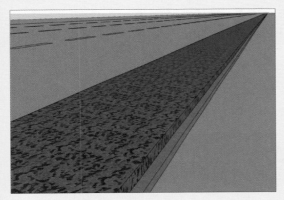 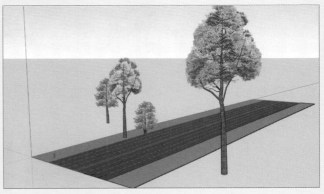

步骤17 选择树组件，单击鼠标右键，在快捷菜单中选择"炸开模型"命令，如下左图所示。

步骤18 使用移动工具将其中较小的树放置到公路中间的绿化带中，如下右图所示。

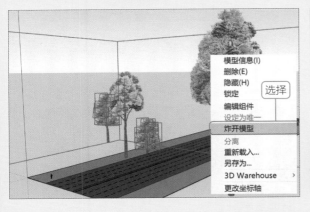 

步骤19 使用缩放工具将树缩放至合适的大小，如下左图所示。

步骤20 使用复制工具将树按合适的间距排列在绿化带上，如下右图所示。

 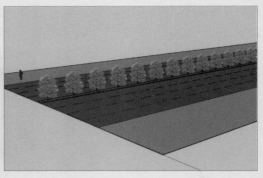

步骤21 使用直线工具在公路两旁4000mm处分割出两块面，如下左图所示。

步骤22 在"默认面板"的"材料"选项区域中选择"砖、覆层和壁板"选项，在下拉列表框中选择"二顺二丁砖块图案"材质选项，如下右图所示。

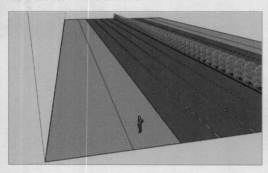 

步骤23 将材质赋予到人行道上，效果如下左图所示。

步骤24 使用直线工具在人行道两旁绘制100mm宽的道牙线，如下右图所示。

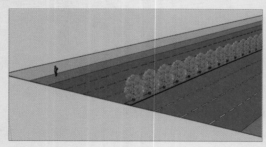 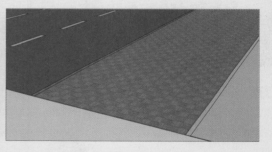

步骤25 在"默认面板"的"材料"选项区域中选择"砖、覆层和壁板"选项，在下拉列表框中选择"白色灰泥覆层"材质选项，将材质赋予到道牙线，效果如下左图所示。

步骤26 使用推拉工具将人行道两侧向上推拉100mm、人行道向上推拉50mm，如下右图所示。

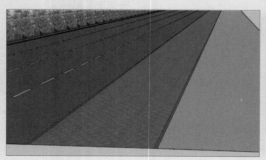 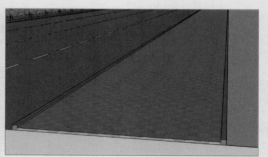

步骤 27 在"默认面板"的"材料"选项区域中选择"园林绿化、地被层和植被"选项，在下拉列表框中选择"模糊植被 02"材质选项，将材质赋予到人行道旁的绿地，如下左图所示。

步骤 28 使用矩形工具制作一个1000mm*1000mm的矩形，如下右图所示。

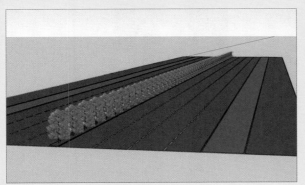

步骤 29 使用推拉工具将矩形推拉出10mm的厚度，如下左图所示。

步骤 30 使用偏移工具将上顶面向内偏移50mm，如下右图所示。

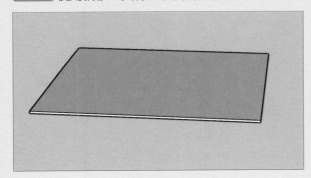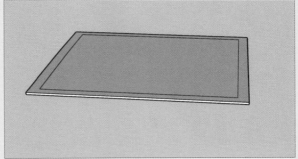

步骤 31 使用推拉工具将周边向上推拉100mm，如下左图所示。

步骤 32 全选模型，在"默认面板"的"材料"选项区域中选择"砖、覆层和壁板"选项，在下拉列表框中选择"旧抛光混凝土"材质选项，将材质赋予模型上，效果如下右图所示。

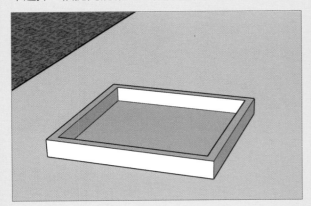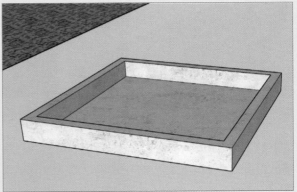

步骤 33 在"默认面板"的"材料"选项区域中选择"园林绿化、地被层和植被"选项，在下拉列表框中选择"人造草被"选项，将材质赋予树池中心，效果如下左图所示。

步骤 34 选取之前导入的树组件中合适的树形，使用移动工具将其放置在树池中，然后使用缩放工具调整到合适的大小，如下右图所示。

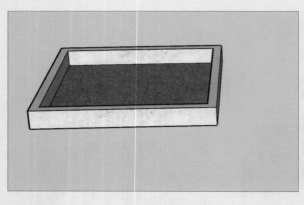

步骤 35 全选树池模型并右击，在弹出的快捷菜单中选择"创建组件"命令，如下左图所示。

步骤 36 将树池组件使用移动工具放置到人行道靠近公路的一侧，如下右图所示。

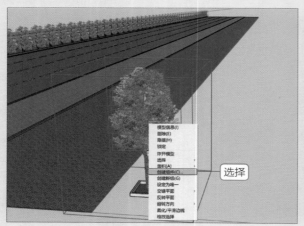

步骤 37 执行复制操作，将树池排列在道路两旁，效果如下左图所示。

步骤 38 使用移动工具、缩放工具和复制操作将树组件中其他的树随意排布在人行道两旁的绿地上，效果如下右图所示。

步骤 39 执行"导入"命令，将"人.skp"素材文件导入到模型中，如下左图所示。

步骤 40 对组件执行模型炸开操作后，使用移动工具将人物模型移动到合适的位置，如下右图所示。

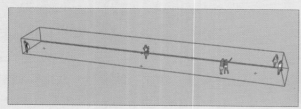

步骤 41 执行"导入"命令，将"车辆.skp"素材文件导入到场景中，如下左图所示。

步骤 42 对组件执行模型炸开操作后，使用移动工具将车辆移动到合适位置，效果如下右图所示。

步骤 43 若需要将模型导出为JPG格式的二维图像文件，则执行"文件❶>导出❷>二维图形❸"命令，如下左图所示。

步骤 44 打开"输出二维图形"对话框，选择文件的保存位置❶，单击"保存类型"下三角按钮，选择"JPEG图像"选项❷，然后输入文件名❸，单击"导出"按钮❹，如下右图所示。

 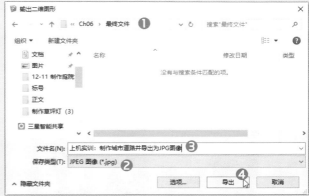

步骤 45 即可将制作的城市道路图导出为JPG图像，效果如下图所示。

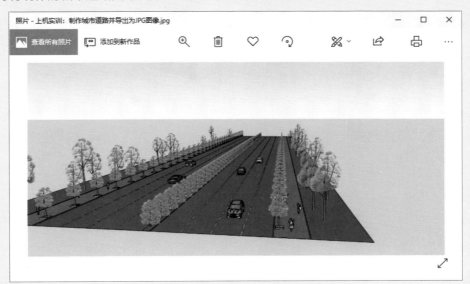

课后练习

1. 选择题

（1）SketchUp的导入功能可以将其他软件的文件模型导入SketchUp中使用，方便用户进一步建模，以下不能导入到SketchUp中的是（   ）。

A. 二维图像　　　　　　　B. 3DS文件　　　　　　　C. 声音　　　　　　　D. CAD文件

（2）用户可以使用SketchUp的导出功能，将模型导出为不同软件的文件格式，以下不能使用SketchUp导出成的文件格式是（   ）。

A. avi　　　　　　　　　B. dwg　　　　　　　　　C. 3ds　　　　　　　　D. jpg

2. 填空题

（1）二维图像可以导出为pdf、eps、dwg、_____、_____和_____格式。

（2）镂空图像的文件格式是_____。

3. 上机题

学习完本章知识后，用户可以尝试创建一个墙面，场景效果参考如下图所示。

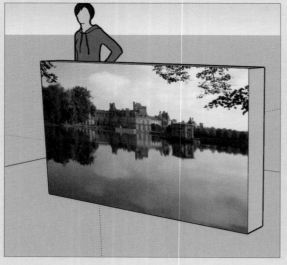 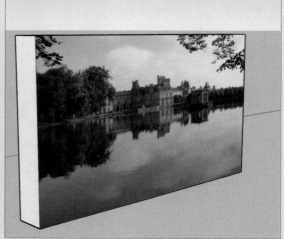

操作提示

（1）执行导入二维图像操作；

（2）组的移动和缩放。

Part 02
综合案例篇

学习了SketchUp的常用工具、高级工具、材质和贴图、文件的导入与导出等知识后，在综合案例篇，我们将对所学的知识进行灵活运用，对新中式室内效果设计、咖啡馆建筑效果设计、私家庭院效果设计以及花园广场效果设计的过程进行详细介绍，让理论与实践相结合，做到学以致用。

‖Chapter 06　新中式室内效果设计　　　　　‖Chapter 07　咖啡馆建筑效果设计

‖Chapter 08　私家庭院效果设计　　　　　　‖Chapter 09　花园广场效果设计

Chapter 06 新中式室内效果设计

本章概述

在中国文化风靡全球的当今时代，中式元素与现代材质的巧妙兼融，唐宋家具、明清窗棂、布艺床品相互辉映，再现了移步变景的精妙小品。在本案例的制作过程中，首选导入平面图，然后逐步制作墙体、客厅、浴室和卧室等，最后再添加中式的元素。

核心知识点

❶ 掌握墙体的制作
❷ 掌握客厅和餐厅的制作
❸ 掌握浴室和厨房的制作
❹ 掌握卧室和门窗的制作

6.1 制作平面图

本小节介绍平面图的制作，首先在顶视图中使用直线工具描出户型图，然后再测量相关的长度，具体操作方法如下。

步骤 01 打开SketchUP软件后，执行导入操作，将平面图导入，如下左图所示。

步骤 02 在菜单栏中执行"相机❶>标准视图❷>顶视图❸"命令，如下右图所示。

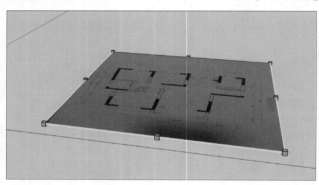
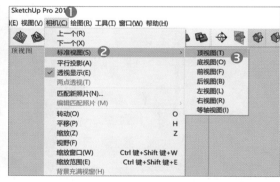

步骤 03 选择直线工具，将下左图中的平面图描出来。

步骤 04 描完所有的线后将其连成面，效果如下右图所示。

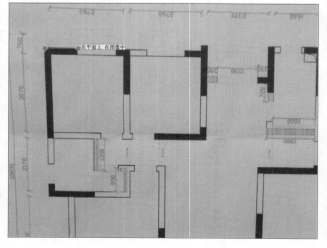
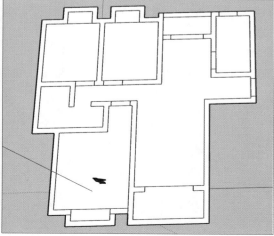

步骤 05 使用卷尺工具量出其中一条线的长度，如下左图所示。

步骤 06 输入平面图真实长度值，在弹出的提示对话框中单击"是"按钮，将其等量放大，如下右图所示。

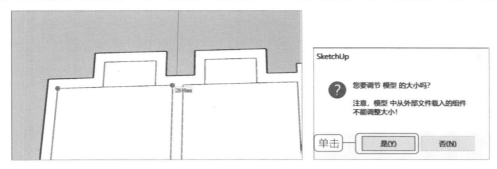

6.2 制作墙体

平面图制作完成后，本小节将介绍使用推拉工具分别制作地面和墙体方法，最后再制作墙体上的窗户和门，具体操作步骤如下。

步骤 01 查找平面图中的反面，选中所有反面，如下左图所示。

步骤 02 单击鼠标右键，在弹出的快捷菜单中选择"反转平面"命令，如下右图所示。

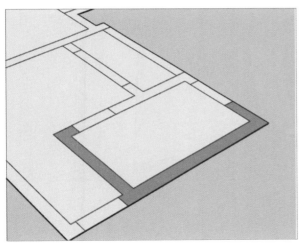
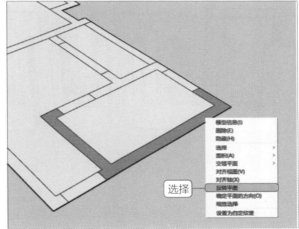

步骤 03 使用推拉工具将平面图的地面部分向上推拉10mm，如下左图所示。

步骤 04 使用推拉工具将墙体向上推拉3000mm，如下右图所示。

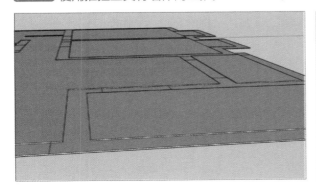
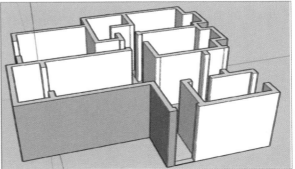

步骤 05 选中所有模型中的反面，如下左图所示。

步骤 06 单击鼠标右键，在弹出的快捷菜单中选择"反转平面"命令，反转所有平面，如下右图所示。

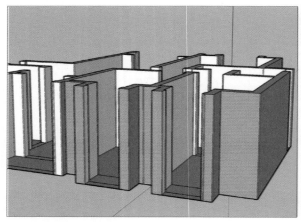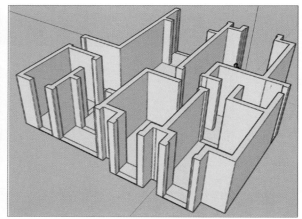

步骤 07 使用推拉工具将模型内窗户向上推拉900mm作为窗台，如下左图所示。

步骤 08 在离窗台1200mm的地方使用直线工具绘制一条线，如下右图所示。

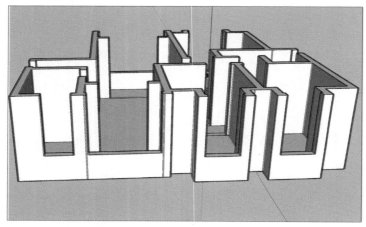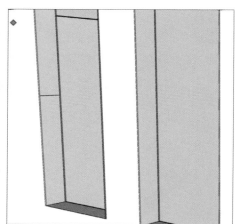

步骤 09 使用推拉工具将其推拉至另一面封死，如下左图所示。

步骤 10 使用相同的方法将所有窗户上端封死，效果如下右图所示。

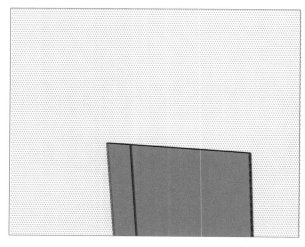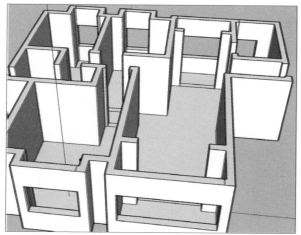

步骤 11 在所有门距离地面2000mm的位置使用直线工具绘制一条线，如下左图所示。

步骤 12 使用推拉工具将其推拉至对面并封上，如下右图所示。

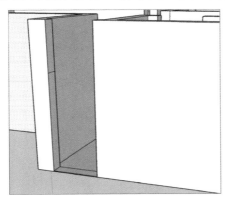 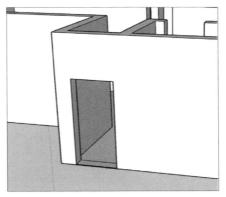

步骤 13 使用相同的方法将其他门封上，如下左图所示。

步骤 14 将厕所的窗户抬高至2000mm处，并在距离其500mm处绘制直线，然后使用推拉工具封上，如下右图所示。

 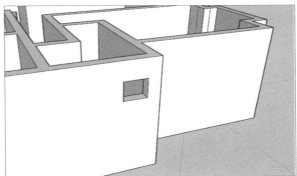

6.3　制作客厅及餐厅

接下来进行客厅和餐厅的设置，将中式家具合理地分布，下面介绍具体操作方法。

步骤 01 执行导入操作，导入"新中式家具.skp"组件，如下左图所示。

步骤 02 选择组件，单击鼠标右键，在快捷菜单中选择"炸开模型"命令，如下右图所示。

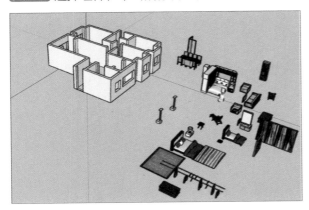 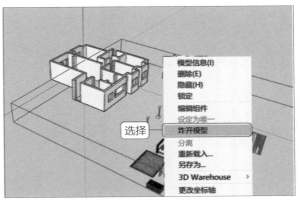

步骤 03 选取其中所需的家具并摆在合适的位置，如下图所示。

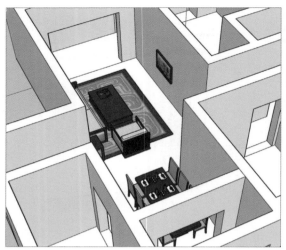 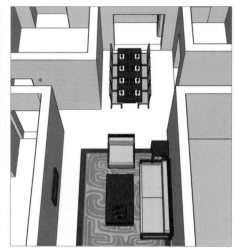

步骤 04 执行复制操作，将茶几组件复制一份并放在电视下方，如下左图所示。

步骤 05 使用缩放工具将复制出的茶几调整至合适的大小，如下右图所示。

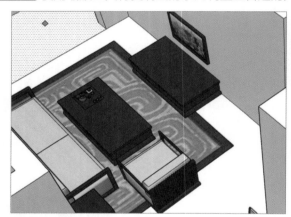 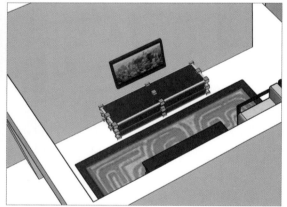

步骤 06 使用矩形工具在进门处左边墙壁绘制一个1800mm*1000mm的矩形，如下左图所示。

步骤 07 使用直线工具将矩形平分，然后分别使用偏移工具向内偏移30mm，如下右图所示。

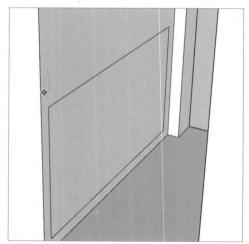 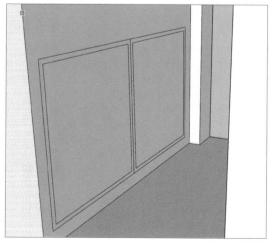

步骤 08 进入材质选项，按住Alt键吸取屋内家具的木质纹，执行材质赋予操作赋予到矩形上，效果如下左图所示。

步骤 09 使用推拉工具将矩形推拉成推拉门，如下右图所示。

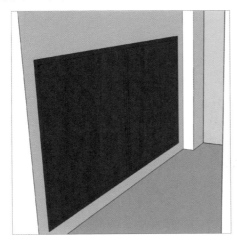 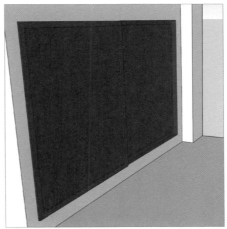

步骤 10 将新中式玻璃门放置在阳台入口处，然后使用缩放工具缩放到合适的大小，如下左图所示。

步骤 11 执行复制操作，制作出推拉门的效果，如下右图所示。

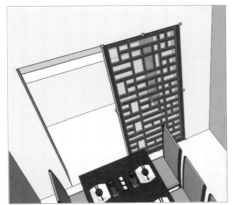 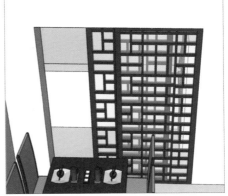

步骤 12 选中门框的三条线后，使用偏移工具向外偏移70mm，然后使用推拉工具向外推拉20mm，如下左图所示。

步骤 13 执行材质赋予操作，将家具的木质纹赋予边框，如下右图所示。

 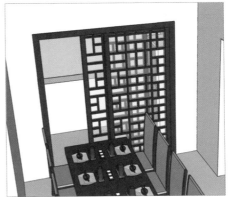

步骤14 选择直线工具，绘制一个300mm厚的矩形，如下左图所示。

步骤15 使用推拉工具向外推拉1400mm，如下右图所示。

 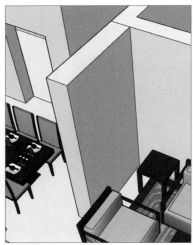

步骤16 使用偏移工具向内偏移40mm，然后将内部矩形向内推拉10mm，如下左图所示。

步骤17 使用直线工具在距离顶部500mm处绘制一个矩形并将其四等分，如下右图所示。

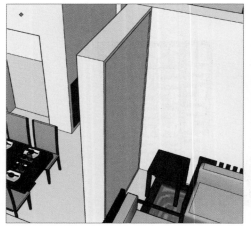 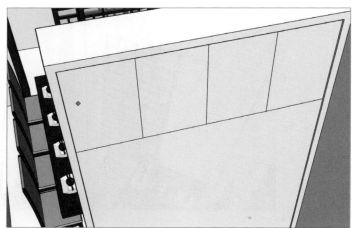

步骤18 使用偏移工具将四个矩形向内偏移10mm，使用推拉工具制作出推拉门效果，如下左图所示。

步骤19 对制作出的推拉门执行材质赋予操作，为其赋予木质纹，效果如下右图所示。

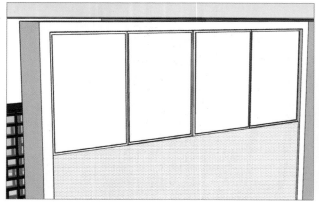 

步骤 20 使用相同的方法在下方制作1000mm高的木柜，如下左图所示。

步骤 21 使用直线工具和偏移工具在制作的木柜上绘制格子，如下右图所示。

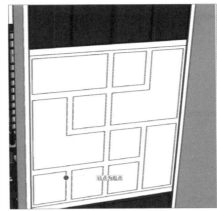

步骤 22 使用推拉工具推拉出格子效果，如下左图所示。

步骤 23 执行材质赋予操作，为其赋予木质纹，效果如下右图所示。

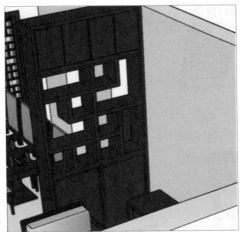

步骤 24 使用之前制作推拉门的方法，制作一个三推门作为主阳台入口，如下左图所示。

步骤 25 使用矩形工具在沙发上方绘制一个1800mm*700mm的矩形，使用偏移工具向外偏移30mm，如下右图所示。

步骤 26 执行材质赋予操作，在矩形外侧赋予木质纹，然后使用推拉工具向外推拉20mm，如下左图所示。

步骤 27 导入"家和万事兴.jpg"素材图片，并将其放入画框中，如下右图所示。

步骤 28 执行复制操作，复制两个推拉门到画框旁边，使用缩放工具缩放到合适大小，如下左图所示。

步骤 29 使用"新中式家具.skp"组件中的部分组件，将电视摆放到下右图所示的位置。

步骤 30 使用矩形工具在电视后绘制一个矩形，如下左图所示。

步骤 31 使用偏移工具向内偏移60mm并赋予木质纹材质，然后向外推拉20mm，如下右图所示。

步骤 32 导入"电视壁纸.jpg"素材图片，使用移动工具和缩放工具将图片放入电视框内，如右图所示。

步骤 33 创建新材质，使用"新中式壁纸.jpg"纹理图片，如下左图所示。

步骤 34 将材质赋予墙壁上，效果如下右图所示。

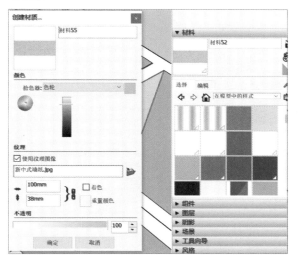

步骤 35 在"默认面板"的"材料"选项区域中选择"木质纹"选项，在下拉列表框中选择"饰面木板01"材质选项，如下左图所示。

步骤 36 将其赋予地板上，效果如下右图所示。

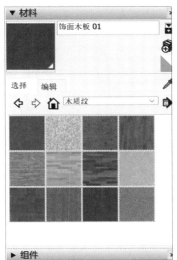
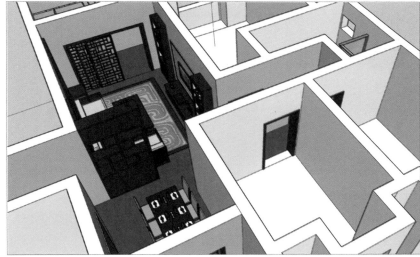

6.4 制作浴室和厨房

本小节将介绍浴室和厨房的制作方法，首先需要为不同的部分赋予不同的材质，并调整材质的颜色，然后再添加相关的家具。下面介绍具体操作方法。

步骤 01 将"新中式家具.skp"组件中的相关家具摆放在浴室中，如下左图所示。

步骤 02 在"默认面板"的"材料"选项区域中选择"砖、覆层和壁板"选项，在下拉列表框中选择"二顺二丁砖块图案"材质选项，如下中图所示。

步骤 03 打开"创建材质"对话框，调整材质的颜色，如下右图所示。

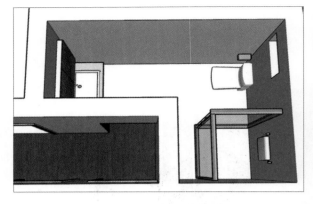 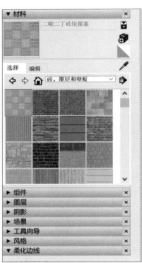 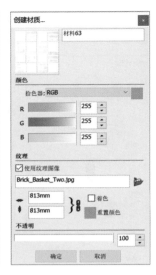

步骤 04 对创建的材质执行材质赋予操作，将其赋予墙壁上，如下左图所示。

步骤 05 在"默认面板"的"材料"选项区域中选择"砖、覆层和壁板"选项，在下拉列表框中选择"多色石块"材质选项，如下中图所示。

步骤 06 将其赋予地板上，效果如下右图所示。

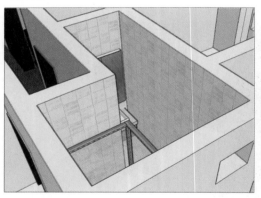 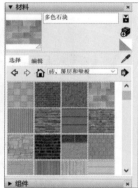 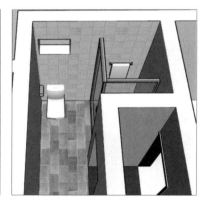

步骤 07 使用移动工具将"新中式家具.skp"组件中的厨房组件放入厨房的合适位置，如下左图所示。

步骤 08 在"默认面板"的"材料"选项区域中选择"砖、覆层和壁板"选项，在下拉列表框中选择"二顺二丁砖块图案"材质选项，如下右图所示。

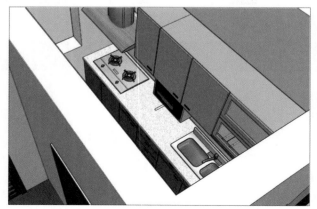 

步骤 09 打开"创建材质"对话框，调整材质的颜色，如下左图所示。

步骤 10 将材质赋予墙壁上，效果如下右图所示。

 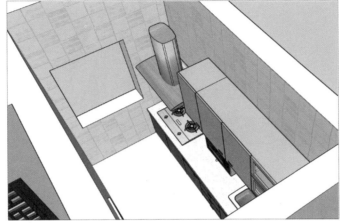

步骤 11 在"默认面板"的"材料"选项区域中选择"人造表面"选项，在下拉列表框中选择"浅色水磨石砖"选项，将其赋予地板上，效果如右图所示。

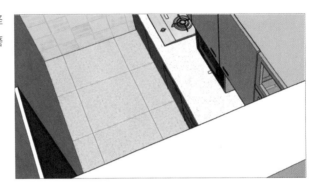

6.5 制作主卧及客卧

　　接着制作主卧和客卧区域，本小节介绍窗台的制作、材质的赋予、相关家具的添加等，下面介绍具体的操作方法。

步骤 01 挑选"新中式家具.skp"组件中主卧家具，使用移动工具将其放入主卧，如下左图所示。

步骤 02 使用推拉工具将窗台抬高800mm，如下右图所示。

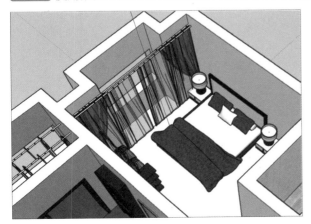 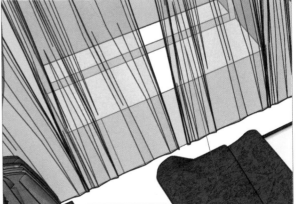

步骤 03 按住Ctrl键的同时使用推拉工具将顶面向上推拉10mm，如下左图所示。

步骤 04 在"默认面板"的"材料"选项区域中选择"人造表面"选项，在下拉列表框中选择"浅蓝色水磨石砖"材质选项，将其赋予窗台上，如下右图所示。

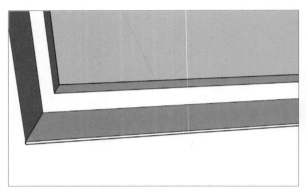 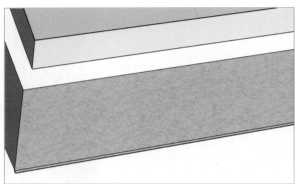

步骤 05 按住Ctrl键，使用推拉工具向外推拉750mm，如下左图所示。

步骤 06 使用偏移工具向内偏移50mm，如下右图所示。

步骤 07 使用推拉工具向内推拉20mm，如下左图所示。

步骤 08 使用直线工具将前面三等分，使用推拉工具将中间向内推拉20mm，如下右图所示。

步骤 09 吸取之前家具的木质纹，执行材质赋予操作赋予柜子外部，如下左图所示。

步骤 10 在"默认面板"的"材料"选项区域中选择"木质纹"选项，在下拉列表框中选择"饰面木板02"材质选项，如下中图所示。

步骤 11 将其赋予柜门上，效果如下右图所示。

步骤 12 使用矩形工具在床后面的墙上绘制图案，如下左图所示。

步骤 13 使用偏移工具将三个矩形向内偏移20mm，使用推拉工具将两边矩形向外推拉10mm、中间矩形向内推拉10mm，如下右图所示。

步骤 14 将家具的木质纹赋予外框，如下左图所示。

步骤 15 使用复制操作将树整齐排列，如下右图所示。

步骤 16 进入材质页面，按住Alt键吸取之前客厅的壁纸，将其赋予墙壁上，如下左图所示。

步骤 17 在"默认面板"的"材料"选项区域中选择"木质纹"选项，在下拉列表框中选择"木地板"材质，将其赋予木地板上，如下右图所示。

步骤18 挑选"新中式家具.skp"组件中客卧的家具,使用移动工具放入客卧中,如下左图所示。

步骤19 使用主卧相同的方法制作窗台,如下右图所示。

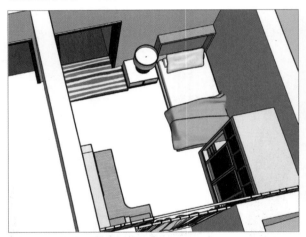

步骤20 导入"墙贴1.png"、"墙贴2.png"和"墙贴3.png"素材,如下左图所示。

步骤21 使用移动工具将其放置在墙上,如下右图所示。

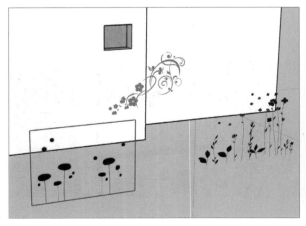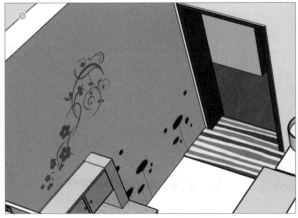

步骤22 在"默认面板"的"材料"选项区域中选择"指定颜色"选项,在下拉列表框中选择"0006 粉红"材质,将其赋予墙壁上,如下左图所示。

步骤 23 在"默认面板"的"材料"选项区域中选择"木质纹"选项,在下拉列表框中选择"浅色木地板"
材质,将其赋予木地板上,如下右图所示。

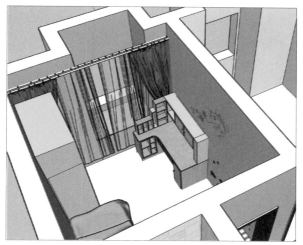 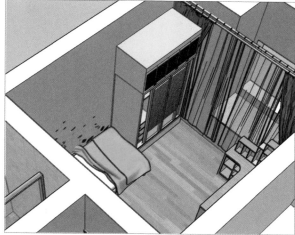

步骤 24 挑选"新中式家具.skp"组件中客卧的家具,使用移动工具放入另一间客卧,如下左图所示。

步骤 25 使用之前相同的方法制作窗台,如下右图所示。

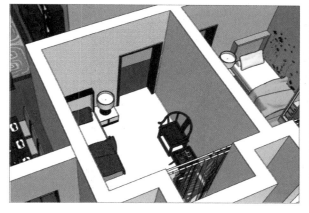 

步骤 26 在墙壁上使用矩形工具制作1100mm*2600mm的矩形,如下左图所示。

步骤 27 使用推拉工具向外推拉500mm,如下右图所示。

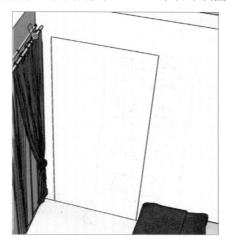 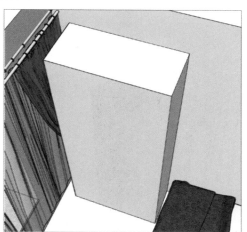

步骤 28 使用偏移工具向内偏移30mm后，使用推拉工具向内推拉20mm，如下左图所示。

步骤 29 使用直线工具在柜门上画出分割，上方向内偏移20mm，如下右图所示。

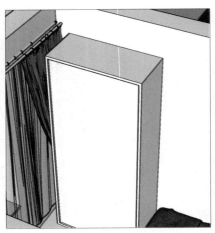 

步骤 30 将其中三个向外推拉10mm，如下左图所示。

步骤 31 将外框材质赋予家具的木质纹，如下右图所示。

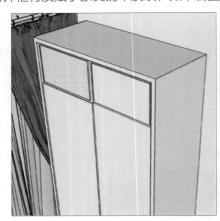 

步骤 32 在"默认面板"的"材料"选项区域中选择"木质纹"选项，在下拉列表框中选择"饰面木板02"材质，将其赋予柜门上，如下左图所示。

步骤 33 导入"字.jpg"素材图片，使用之前的方法制作字框，如下右图所示。

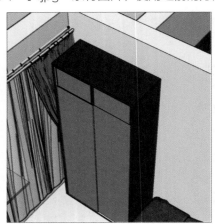 

步骤34 进入材质页面，按住Alt键吸取之前客厅的壁纸，将其赋予墙壁上，如下左图所示。

步骤35 在"默认面板"的"材料"选项区域中选择"木质纹"选项，在下拉列表框中选择"木地板"材质，将其赋予木地板上，如下右图所示。

6.6 安装门窗

最后介绍门和窗的制作，在制作窗户时，还应当考虑到玻璃的制作，下面介绍具体操作方法。

步骤01 使用移动工具将门组件移动到门框处，如下左图所示。

步骤02 使用缩放工具调节门的大小，如下右图所示。

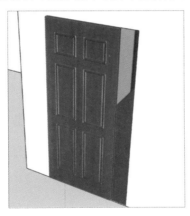 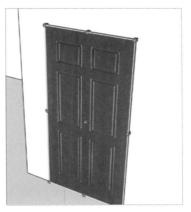

步骤03 使用移动工具，在锁定移动轴的条件下向内移动120mm，如下左图所示。

步骤04 使用相同的方法为其他房间安装门，效果如下右图所示。

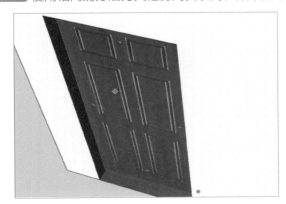 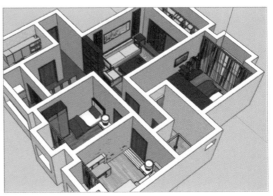

步骤 05 使用直线工具为窗口封面，如下左图所示。

步骤 06 使用复制工具复制矩形到一旁并删除原平面，如下右图所示。

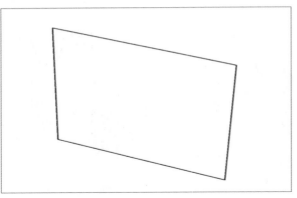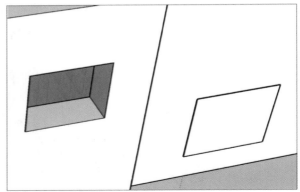

步骤 07 使用偏移工具向内偏移40mm，如下左图所示。

步骤 08 使用推拉工具将外框向内推拉20mm后，使用直线工具封住面，如下右图所示。

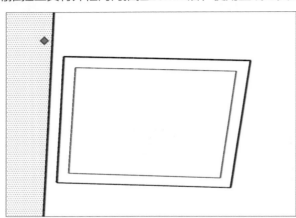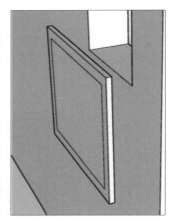

步骤 09 在"默认面板"的"材料"选项区域中选择"玻璃和镜子"选项，在下拉列表框中选择"半透明玻璃蓝"材质，将其赋予窗的两面，如下左图所示。

步骤 10 全选模型并成组后，使用移动工具移至窗框上，如下右图所示。

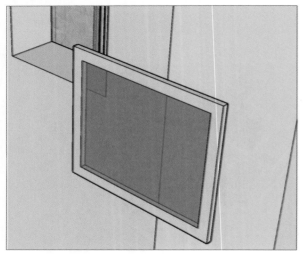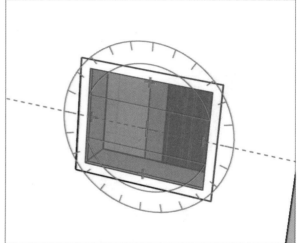

步骤 11 选取"新中式家具.skp"组件中的窗户，使用移动工具将其移动至大窗前，如下左图所示。

步骤 12 使用缩放工具缩放至合适的大小，如下右图所示。

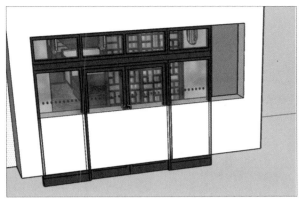
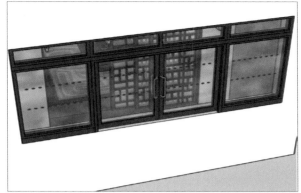

步骤 13 使用移动工具，锁定移动轴向内移动10mm，如下左图所示。

步骤 14 使用相同的方法将大窗放置在不同地方，如下右图所示。

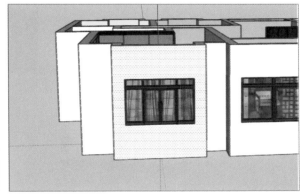

步骤 15 复制出其中一扇窗，如下左图所示。

步骤 16 全选组件并单击鼠标右键，在快捷菜单中选择"炸开模型"命令，如下右图所示。

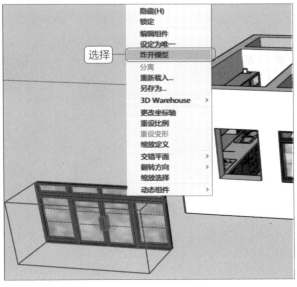

步骤 17 删除其中两扇窗户，如下左图所示。

步骤 18 继续执行炸开模型操作，炸开上下其他组件，如下右图所示。

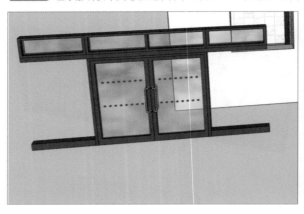 

步骤 19 删除其他多余部分，效果如下左图所示。

步骤 20 使用推拉工具将横轴推拉至合适大小，如下右图所示。

步骤 21 全选所有模型，单击鼠标右键，在快捷菜单中选择"创建组件"命令，如下左图所示。

步骤 22 使用之前的方法放入各自窗框中，最终效果如下右图所示。

 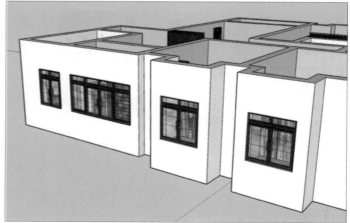

Chapter 07 咖啡馆建筑效果设计

本章概述

咖啡馆是现代人们用于聚会休闲、商务交流的场所，盛行于每个大中小城市。本章介绍的咖啡馆建筑效果分为两层，分别对咖啡馆一楼的设计、二楼的设计、门窗的设计以及周边环境的设计进行了详细介绍。

核心知识点

❶ 掌握吧台的设计要点
❷ 掌握咖啡馆一楼的设计要点
❸ 掌握咖啡馆二楼的设计要点
❹ 掌握周边环境的设计要点

7.1 咖啡馆一楼设计

本节将对咖啡馆一楼的各种设施的设计要点进行介绍，如地面、吧台、桌椅等，下面介绍具体操作方法。

步骤 01 使用矩形工具制作一个14000mm*7000mm的矩形，如下左图所示。

步骤 02 再使用矩形工具在矩形旁制作一个11000mm*6500mm的矩形，然后删除两个矩形中间的直线，效果如下右图所示。

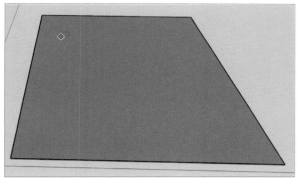 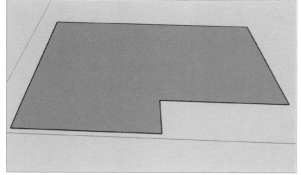

步骤 03 使用推拉工具将平面向上推拉450mm，如下左图所示。

步骤 04 使用偏移工具将顶面向内偏移300mm作为墙的厚度，如下右图所示。

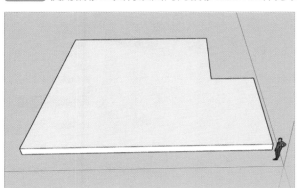 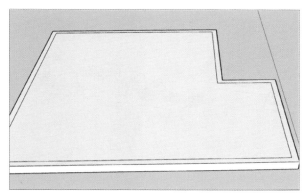

步骤 05 使用直线工具在距离内墙2300mm处制作一个200mm厚的墙，如下左图所示。

步骤 06 使用推拉工具将其向上推拉3000mm，如下右图所示。

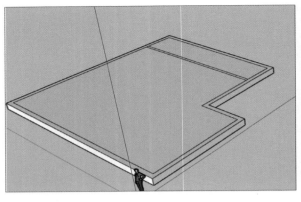 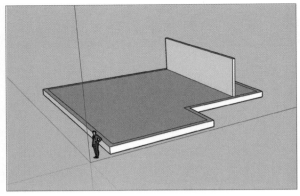

步骤 07 使用矩形工具在墙壁两端制作两个1200mm*2000mm的门框，然后使用偏移工具向外偏移100mm，如下左图所示。

步骤 08 使用偏移工具将门框向外凸出20mm，然后使用偏移工具将门推出，效果如下右图所示。

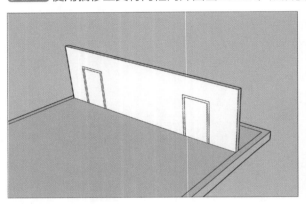 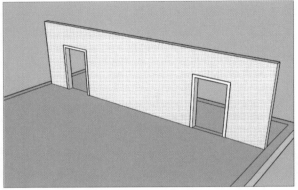

步骤 09 执行"导入"命令，将"设施.skp"素材文件导入到模型中，如下左图所示。

步骤 10 全选模型后单击鼠标右键，在弹出的快捷菜单中选择"炸开模型"命令，对模型执行炸开操作，如下右图所示。

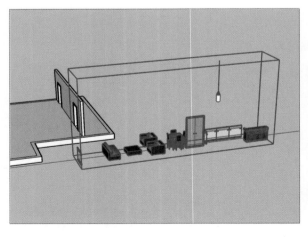 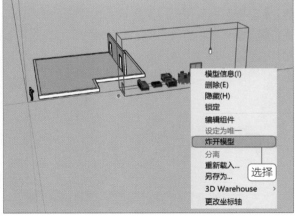

步骤 11 选中吧台，使用移动工具将其移动到门前，然后使用缩放工具将吧台拉到合适的长度，效果如下左图所示。

步骤 12 执行复制操作，复制一个吧台放置到另一个门前，如下右图所示。

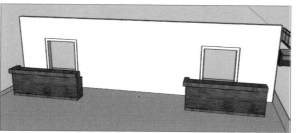

步骤 13 使用矩形工具在墙中间制作一个3500mm*1600mm的矩形，然后使用偏移工具向内偏移30mm，如下左图所示。

步骤 14 使用推拉工具将框向外推拉20mm，如下右图所示。

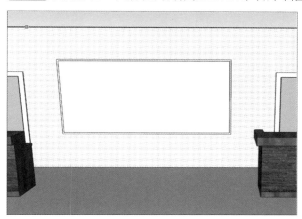
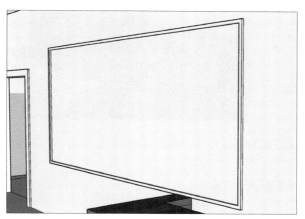

步骤 15 执行"导入"操作，设置文件类型为jpg，导入"菜单.jpg"素材文件，如下左图所示。

步骤 16 将图片放置到墙上的框内，执行缩放操作，将其完整放入框中，如下右图所示。

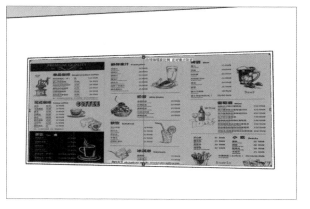

步骤 17 在"默认面板"的"材料"选项区域中选择"木质纹"选项，在下拉列表框中选择"饰面木板01"选项，将其赋予到墙壁上，效果如下左图所示。

步骤 18 在"默认面板"的"材料"选项区域中选择"指定色彩"选项，在下拉列表框中选择"0137黑色"选项，将其赋予到门框上，效果如下右图所示。

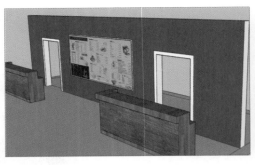 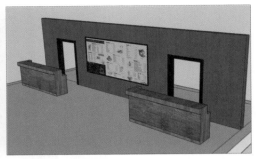

步骤 19 在"默认面板"的"材料"选项区域中选择"木质纹"选项，在下拉列表框中选择"木材接头"选项，将其赋予地板上，如下左图所示。

步骤 20 使用直线工具将地面分为两个矩形区域，如下右图所示。

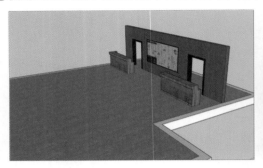 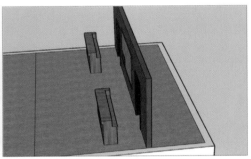

步骤 21 将矩形向上推拉至3001mm处并执行复制操作，复制一个作为第二层地板，然后使用直线工具将矩形补齐，如下左图所示。

步骤 22 使用推拉工具将二层地板向上推拉150mm的厚度，然后使用删除工具删除多余的线，效果如下右图所示。

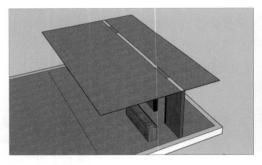 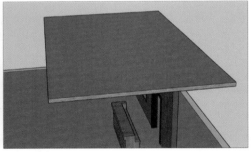

步骤 23 执行"导入"操作，将"楼梯.skp"素材导入到模型中，如下左图所示。

步骤 24 使用移动工具将楼梯放到合适的位置，如下右图所示。

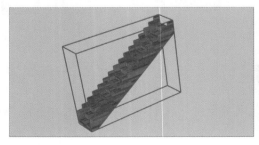 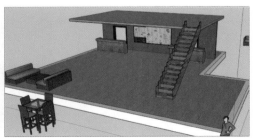

步骤 25 在"设施.skp"组件中选取服务设施，如下左图所示。

步骤 26 使用移动工具和复制工具将其布置在咖啡馆第一层合适的位置，效果如下右图所示。

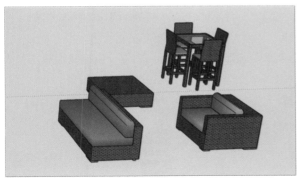 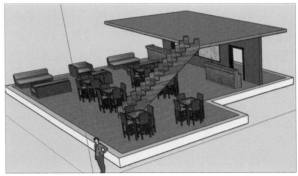

7.2　咖啡馆二楼设计

咖啡馆二楼的桌椅设计和一楼差不多，重点是需要添加玻璃围挡，下面介绍具体操作方法。

步骤 01 选取"设施.skp"组件中的玻璃围挡，使用移动工具将其放置在二层，如下左图所示。

步骤 02 使用复制工具将玻璃围挡复制7个，如下右图所示。

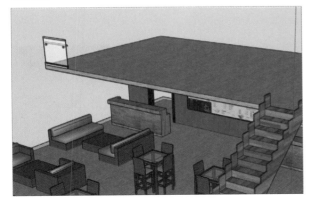 

步骤 03 使用移动工具和复制工具将服务设施布置在第二层合适的位置，如下左图所示。

步骤 04 使用推拉工具将外墙推拉至二层高度，如下右图所示。

 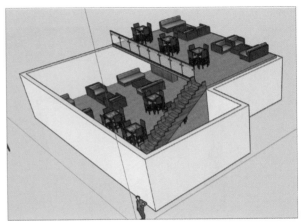

7.3 咖啡馆门窗设计

咖啡馆内部制作完成后，还需要在对应的墙体上添加门窗，并添加玻璃。下面介绍具体操作方法。

步骤 01 使用矩形工具制作一个和"设施.skp"中"玻璃门"等大小的矩形，如下左图所示。

步骤 02 全选整个矩形，单击鼠标右键，在弹出的快捷菜单中选择"创建组件"命令，执行成组操作，如下右图所示。

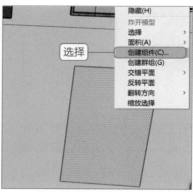

步骤 03 使用移动工具将矩形移至墙壁上的开门处，然后全选所有矩形，单击鼠标右键，执行"炸开模型"操作，如下左图所示。

步骤 04 使用推拉工具推拉出门框，如下右图所示。

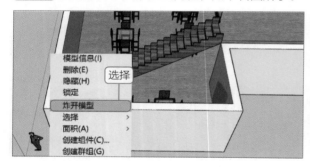
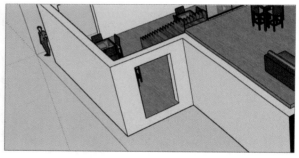

步骤 05 使用移动工具将"设施.skp"中的玻璃门移至门框外，如下左图所示。

步骤 06 选中玻璃门端点，使用移动工具，按下键盘上的向右方向键→，锁定在红轴上，向墙内移动150mm，保证门在墙中心，如下右图所示。

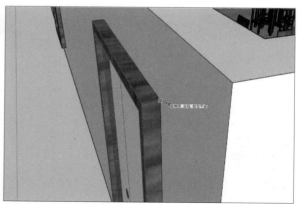

步骤 07 将墙壁向上推动4000mm，如下左图所示。

步骤 08 选择直线工具，在墙壁上绘制下右图所示的图案。

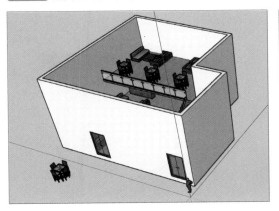
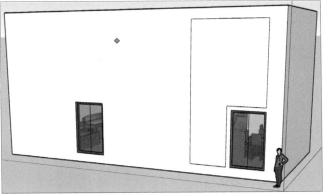

步骤 09 使用偏移工具将其向内偏移100mm，如下左图所示。

步骤 10 按住Ctrl键的同时将内部向内推移至内墙，如下右图所示。

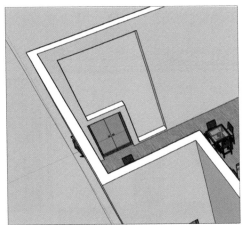

步骤 11 使用推移工具将中间部分向内推移150mm，如下左图所示。

步骤 12 在"默认面板"的"材料"选项区域中选择"玻璃与镜子"选项，在下拉列表框中选择"半透明玻璃蓝"选项，将其赋予玻璃上，如下右图所示。

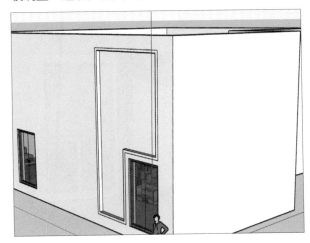
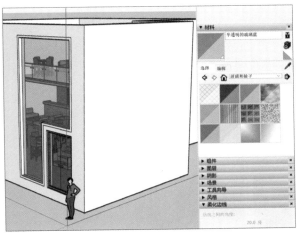

步骤13 选择直线工具，在墙壁上绘制下左图所示的图案。

步骤14 使用推拉工具将下底向外推拉4500mm，并删除上面多余的线，如下右图所示。

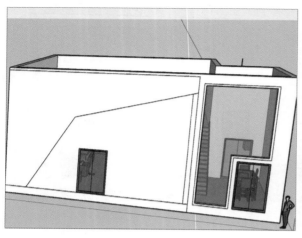 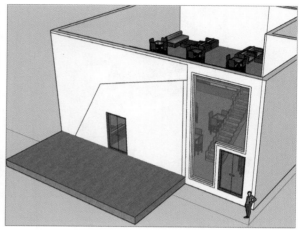

步骤15 使用推拉工具将上方向外推拉2500mm，如下左图所示。

步骤16 使用矩形工具在侧边绘制一个大小合适的矩形，效果如下右图所示。

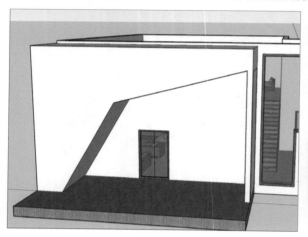 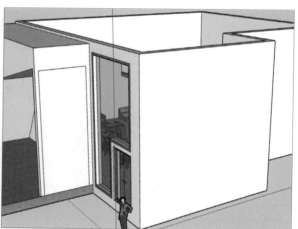

步骤17 使用之前介绍的方法将其做成玻璃窗，效果如下左图所示。

步骤18 按下B键进入材质选项，按住Alt键吸取玻璃门框的木材色，将其赋予外部支柱，效果如下右图所示。

 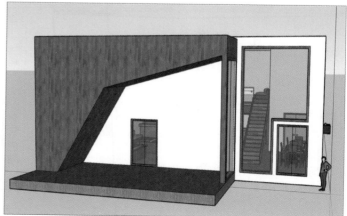

步骤19 使用偏移工具将支柱内的墙壁向内偏移100mm，然后使用直线工具和删除工具对其边线进行修整，如下左图所示。

步骤20 然后将其做成玻璃窗，效果如下右图所示。

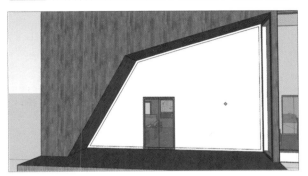

步骤21 使用直线工具连接支柱下底，然后删除多出的面，如下左图所示。

步骤22 使用推拉工具将外侧向下推拉150mm，如下右图所示。

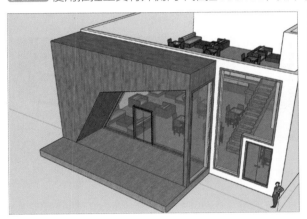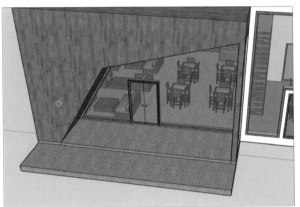

7.4 咖啡馆室外场地设计

本小节主要介绍在咖啡馆室外添加相关设施的设计要点，如花坛、阳台、围挡等，下面介绍具体操作方法。

步骤01 首先选取"设施.skp"内的玻璃围挡，使用移动工具放到边线上，如下左图所示。

步骤02 使用复制工具和缩放工具将围挡沿边放好，如下右图所示。

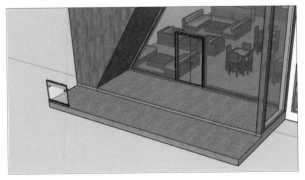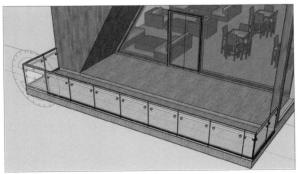

步骤 03 使用三维文字工具制作Logo文字，如下左图所示。

步骤 04 使用移动和复制工具将Logo放在合适的位置，如下右图所示。

步骤 05 使用直线工具在右边玻璃门和玻璃窗下绘制图案，如下左图所示。

步骤 06 使用推拉工具将左侧推拉出4500mm，然后使用删除工具删除上面多余的线，如下右图所示。

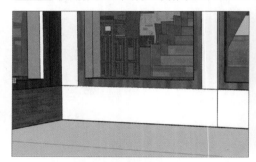 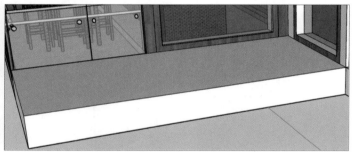

步骤 07 使用偏移工具将上顶面向内偏移100mm，使用推拉工具将内部向下推拉150mm，如下左图所示。

步骤 08 在"默认面板"的"材料"选项区域中选择"园林绿化、地被层和植被"选项，在下拉列表框中选择"常春藤植被"材质选项，将其赋予到内部，其他地方赋予门框的木质纹，效果如下右图所示。

步骤 09 使用推拉工具将右侧向外推拉800mm，如下左图所示。

步骤 10 使用直线工具将白色面三等分，做成台阶形状，设置台阶宽为300mm，并赋予地板的木质纹，效果如下右图所示。

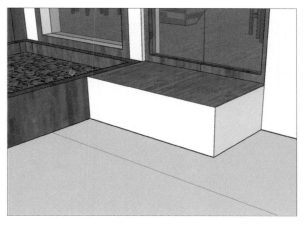

步骤11 导入"树.skp"素材文件，然后执行炸开模型操作，如下左图所示。

步骤12 使用复制、移动和缩放工具将树排布在绿化池里，效果如下右图所示。

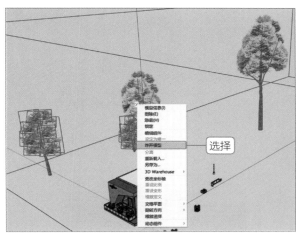

步骤13 在"默认面板"的"材料"选项区域中选择"指定色彩"选项，在下拉列表框中选择"0110浅石板灰"材质选项，将其赋予墙壁上，其他赋予门框的木质纹，效果如下左图所示。

步骤14 将"设施.skp"中的吊灯放在合适的位置，效果如下右图所示。

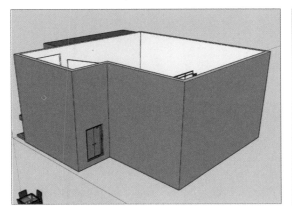

步骤15 选择直线工具，在右侧面绘制下左图所示的图案。

步骤16 使用之前的方法制作玻璃窗效果，如下右图所示。

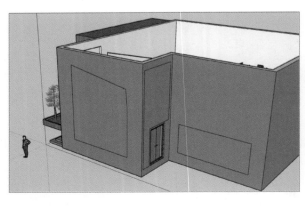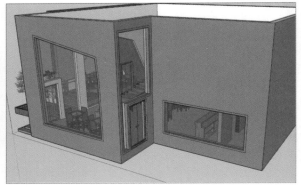

步骤 17 使用直线工具在右侧面绘制出下左图所示的图案。

步骤 18 然后将其制作出玻璃窗效果，如下右图所示。

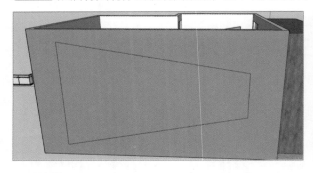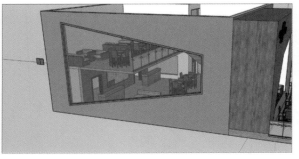

步骤 19 选择直线工具，在后侧面绘制下左图所示的图案。

步骤 20 然后将其制作成玻璃窗效果，如下右图所示。

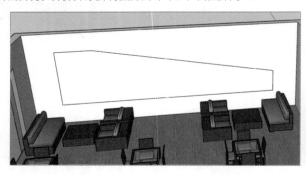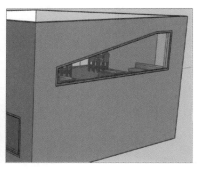

步骤 21 选择直线工具，在咖啡厅后门处绘制下左图所示的图案。

步骤 22 然后将其向外推拉6500mm，并删除顶面多余的线，如下右图所示。

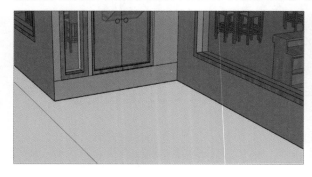

步骤 23 使用推拉工具将左侧向下推拉150mm，如下左图所示。

步骤 24 在"默认面板"的"材料"选项区域中选择"园林绿化、地被层和植被"选项，在下拉列表框中选择"模糊植被02"材质选项，将其赋予建筑内部，如下右图所示。

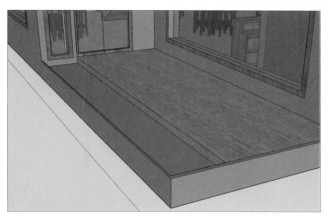
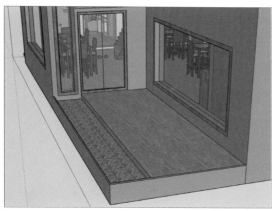

步骤 25 挑选树组件中合适的树种，执行移动和缩放操作，将树放置在绿化池内，如下左图所示。

步骤 26 执行复制操作，复制多个树并整齐排列，效果如下右图所示。

步骤 27 将"设施.skp"中的玻璃围挡放在室外地块边上，如下左图所示。

步骤 28 执行复制操作，复制多次玻璃围挡并整齐排列，如下右图所示。

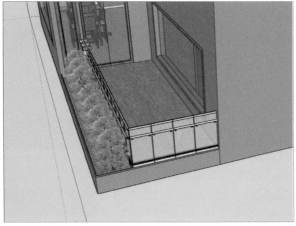

步骤 29 将服务设施布置在室外场地上，效果如下左图所示。

步骤 30 使用直线工具将屋顶封上，如下右图所示。

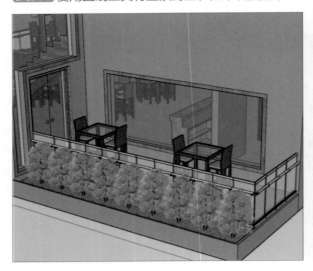 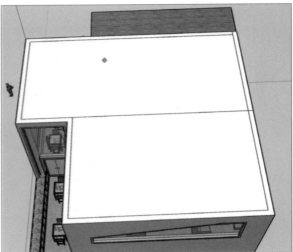

步骤 31 使用推拉工具将屋顶一侧向上推拉500mm，如下图所示。

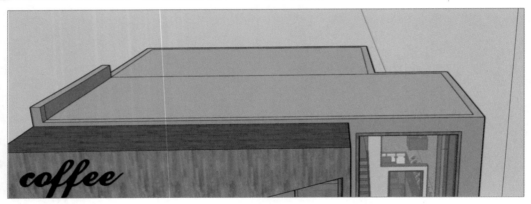

步骤 32 然后使用直线工具将两端连接，效果如下图所示。

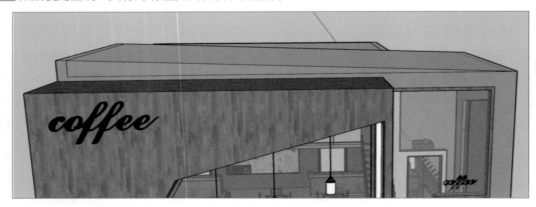

步骤 33 使用推拉工具将屋顶后方向上推拉200mm，如下左图所示。

步骤 34 在"默认面板"的"材料"选项区域中选择"人造表面"选项，在下拉列表框中选择"深色层压胶木"材质选项，将其赋予屋顶上，效果如下右图所示。

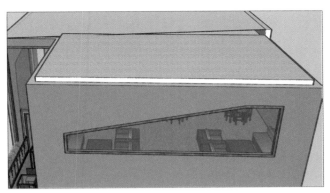

7.5 咖啡馆周边环境设计

咖啡馆建筑效果制作完成后，还需要在周边添加景物进一步装饰，在本案例中需要添加树木和汽车等景物，下面介绍具体操作方法。

步骤 01 挑选"树.skp"组件的其他组件放置在建筑后方，如下左图所示。

步骤 02 接着执行复制和缩放操作，布置树木为建筑造远景，效果如下右图所示。

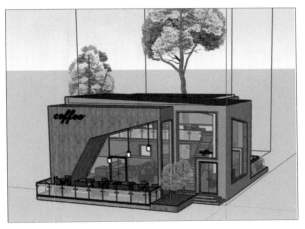

步骤 03 删除其他不用的模型，导入"车辆.skp"素材文件，如下左图所示。

步骤 04 使用移动工具摆放车辆作为近景，最终效果如下右图所示。

Chapter 08 私家庭院效果设计

本章概述

私家庭院是人们向往自然、回归自然的一种表现，一个精致、美丽的庭院会给生活在繁忙都市中的人们增添一丝绿色好心情，是我们感受和融入生活的美好部分。本案例主要介绍私家庭院建筑周围设施的设计操作，打造一种休闲、自然的环境。

核心知识点

① 掌握前厅的设计要点
② 掌握游泳池的设计要点
③ 掌握小型广场的设计要点
④ 掌握廊架的设计要点

8.1 制作地形

本节主要介绍如何制作私家庭院的场地范围，下面介绍具体操作方法。

步骤 01 打开SketchUP软件后，导入"别墅.skp"文件，如下左图所示。

步骤 02 使用矩形工具在别墅下方制作一个24000mm*54000mm的矩形，如下右图所示。

 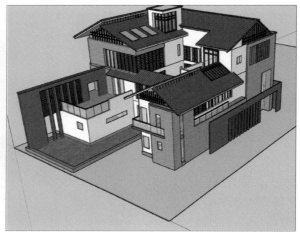

步骤 03 使用推拉工具将矩形推拉出50mm的厚度，如下左图所示。

步骤 04 使用移动工具将底面与建筑组件严密贴近在一起，如下右图所示。

 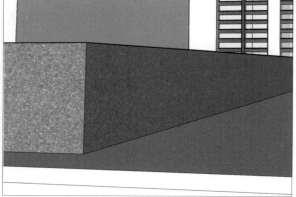

8.2　制作前庭

在制作私家庭院前庭时，主要是对绿化和停车场进行设计，下面介绍具体操作方法。

步骤 01 使用直线工具将建筑的边缘线描一遍，如下左图所示。

步骤 02 使用偏移工具向内偏移100mm，如下右图所示。

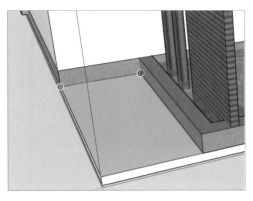 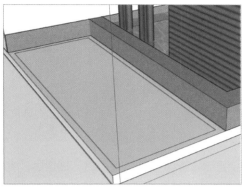

步骤 03 按B键进入材质赋予界面，按住Alt键吸取旁边道路牙子的材质，然后执行材质赋予操作，将吸取的道路牙子材质赋予到外框上，如下左图所示。

步骤 04 按住Ctrl键的同时使用推拉工具向上推拉150mm，如下右图所示。

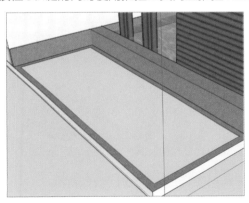 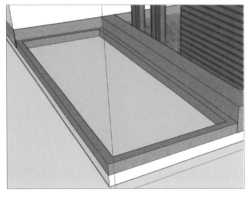

步骤 05 在"默认面板"的"材料"选项区域中选择"园林绿化、地被层和植被"选项，在下拉列表框中选择"人造草被"材质选项，将其赋予植被上，如下左图所示。

步骤 06 导入"树.skp"模型并单击鼠标右键，在快捷菜单中选择"炸开模型"命令，如下右图所示。

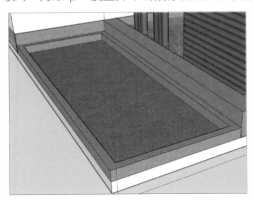 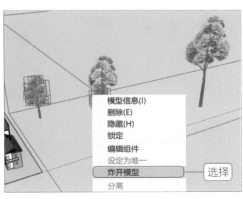

步骤 07 接着使用移动工具和缩放工具将树模型放入绿化中，如下左图所示。

步骤 08 执行复制操作，复制树模型，如下右图所示。

步骤 09 使用直线工具对建筑的底面进行描边后，将前庭划分区域，如下左图所示。

步骤 10 在"默认面板"的"材料"选项区域中选择"砖、覆层和壁板"选项，在下拉列表框中选择"多色石块"材质选项，将其赋予人行道上，如下右图所示。

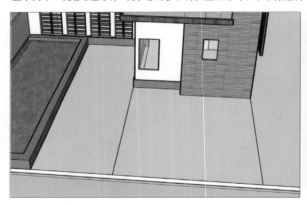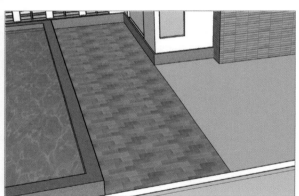

步骤 11 使用直线工具将绿化带分出来，然后使用偏移工具向内偏50mm，如下左图所示。

步骤 12 吸取之前材质赋予的外框，然后使用推拉工具向上推拉150mm，如下右图所示。

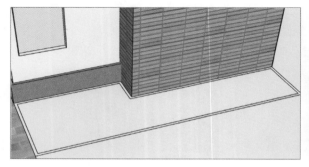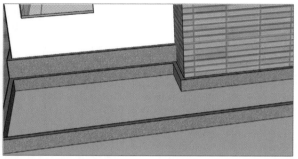

步骤 13 在"默认面板"的"材料"选项区域中选择"园林绿化、地被层和植被"选项，在下拉列表框中选择"人造草被"材质选项，将其赋予植被上，并使用缩放工具和移动工具将植物配置在绿化上，如下左图所示。

步骤 14 执行导入操作，将"组件.skp"导入并使用移动工具移动到下右图所示的位置。

步骤 15 使用直线工具将区域分割出来，如下左图所示。

步骤 16 在停车位内部使用偏移工具向内偏移70mm，在"默认面板"的"材料"选项区域中选择"指定色彩"选项，在下拉列表框中选择"0128 白色"材质选项，将其赋予汽车上，如下右图所示。

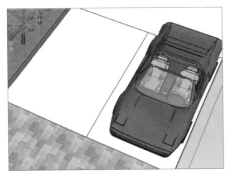
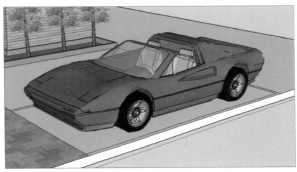

步骤 17 在"默认面板"的"材料"选项区域中选择"园林绿化、地被层和植被"选项，在下拉列表框中选择"砖块铺面"材质选项，将其赋予到其上，如下左图所示。

步骤 18 在"默认面板"面板的"材料"选项区域中选择"园林绿化、地被层和植被"选项，在下拉列表框中选择"多色石块"材质选项，执行材质赋予操作后，删除掉多余的线，如下右图所示。

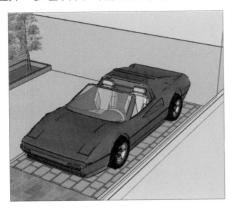

8.3 制作游泳池

　　本节主要介绍游泳池和配套设施的设计步骤，具体操作方法介绍如下。

步骤 01 选择直线工具，在别墅后方绘制下左图所示的图案。

步骤 02 在"默认面板"的"材料"选项区域中选择"木质纹"选项，在下拉列表框中选择"浅色木地板"材质选项后，执行材质赋予操作，如下右图所示。

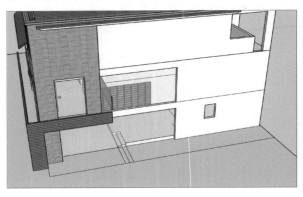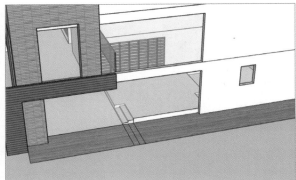

步骤 03 选择推拉工具，将木地板推拉成下左图所示的样式。

步骤 04 选择移动工具，将"组件.skp"中的部分组件放置到下右图所示的位置。

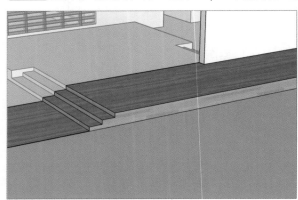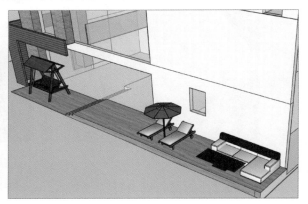

步骤 05 按住Ctrl键的同时使用推拉工具向外推拉4500mm，并在右边使用直线工具分割出一个240mm宽的区域，如下左图所示。

步骤 06 选中其中三条线，执行偏移操作，向内偏移700mm，如下右图所示。

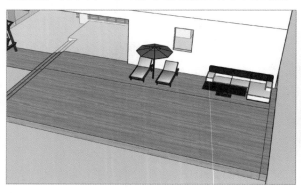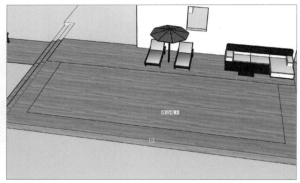

步骤 07 使用偏移工具向内偏移100mm，在"默认面板"的"材料"选项区域中选择"人造表面"选项，在下拉列表框中选择"浅灰色石英"材质选项并执行材质赋予操作，然后使用推拉工具向上推拉20mm，如下左图所示。

步骤 08 使用推拉工具向下推拉1600mm，然后删除其上多余的面，如下右图所示。

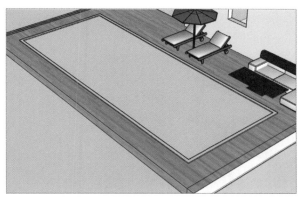 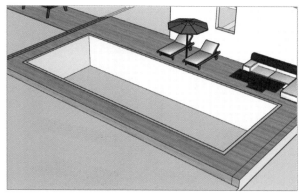

步骤 09 按住Ctrl键的同时执行复制操作，向上1550mm处复制一个平面，在"默认面板"的"材料"选项区域中选择"水纹"选项，在下拉列表框中选择"浅蓝色水池"材质选项后，执行材质赋予操作，如下左图所示。

步骤 10 使用推拉工具将墙推拉至第一层高度，如下右图所示。

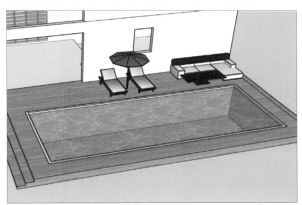 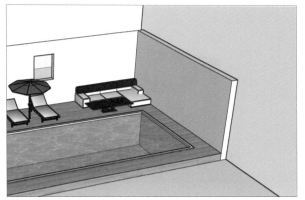

步骤 11 按B键进入材质设置界面，单击"创建材质"按钮，在打开的对话框中勾选"使用纹理图像"复选框，选择"墙.jpg"素材，设置宽度为1300mm，将材质赋予墙壁上，如下左图所示。

步骤 12 使用矩形工具制作两个200mm*200mm的矩形，在"默认面板"的"材料"选项区域中选择"木质纹"选项，在下拉列表框中选择"颜色适中的竹木"材质选项后，执行材质赋予操作，如下右图所示。

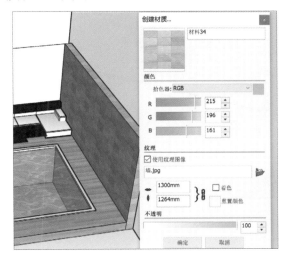 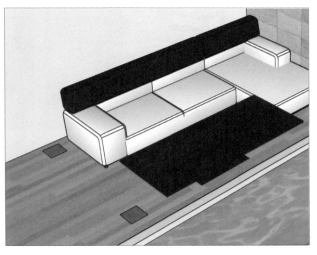

步骤13 使用推拉工具将矩形向上推拉2000mm，如下左图所示。

步骤14 使用直线工具和推拉工具制作出廊架的横梁，如下右图所示。

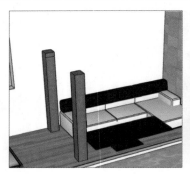 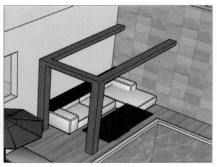

步骤15 使用矩形工具将其封上，然后使用推拉工具推拉出10mm的厚度，如下左图所示。

步骤16 在"默认面板"的"材料"选项区域中选择"玻璃和镜子"选项，在下拉列表框中选择"半透明的玻璃蓝"材质选项，然后赋予模型，如下右图所示。

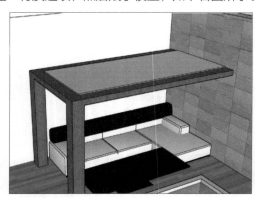 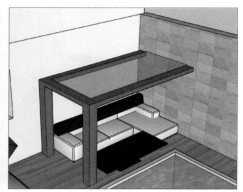

步骤17 使用移动工具将"组件.skp"中的"玻璃围挡"放置在木板边缘，如下左图所示。

步骤18 执行复制和缩放操作，将围挡做成下右图所示的效果。

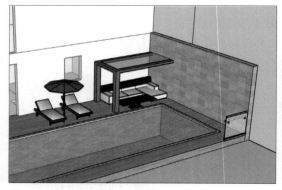 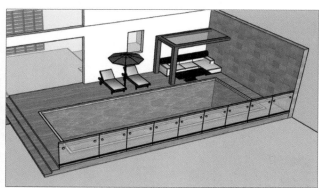

8.4　制作步道

　　步道的制作相对简单，本小节介绍为步道填充材质，然后再添加植被和草坪灯的操作步骤，具体如下。

步骤01 使用直线工具描建筑边缘线并绘制步道，如下左图所示。

步骤02 在"默认面板"的"材料"选项区域中选择"木质纹"选项，在下拉列表框中选择"浅色木地板"材质选项后，执行材质赋予操作，如下右图所示。

步骤03 使用推拉工具将边缘向内推拉2300mm，如下左图所示。

步骤04 使用直线工具将区域封上，在"默认面板"的"材料"选项区域中选择"园林绿化、地被层和植被"选项，在下拉列表框中选择"人造草被"材质选项，然后将其赋予植被上，如下右图所示。

步骤05 执行移动、缩放和复制操作，将树摆放在绿化带上，如下左图所示。

步骤06 使用复制工具和移动工具将草坪灯摆放在草坪上，如下右图所示。

8.5 制作小型广场

本案例在游泳池一边制作小型的广场，供休闲娱乐使用，主要是添加一片植被、桌椅和烧烤工具，最后再添加台阶。下面介绍具体操作方法。

步骤01 使用直线工具将区域划分出来，如下左图所示。

步骤02 选中其中两条线，使用偏移工具向内偏移1600mm，如下右图所示。

 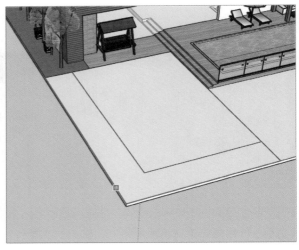

步骤 03 使用直线工具将区域封上，在"默认面板"的"材料"选项区域中选择"园林绿化、地被层和植被"选项，在下拉列表框中选择"人造草被"材质选项，将其赋予植被上。使用推拉工具将中部向上推拉10mm，如下左图所示。

步骤 04 选中其中三条线，使用偏移工具向内偏移800mm，然后使用直线工具绘制900mm长的矩形，如下右图所示。

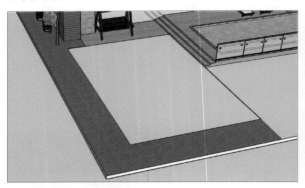 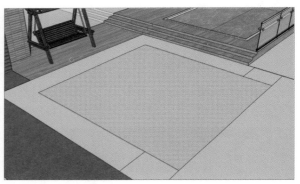

步骤 05 使用直线工具将区域封上，在"默认面板"的"材料"选项区域中选择"园林绿化、地被层和植被"选项，在下拉列表框中选择"人字纹绿色铺面"材质选项，将其赋予地面上，如下左图所示。

步骤 06 使用推拉工具将下方向上推拉450mm，如下右图所示。

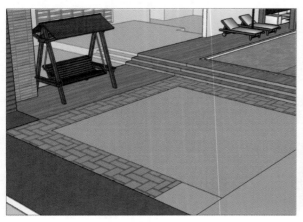 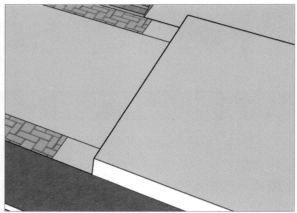

步骤 07 选择三条边，使用偏移工具向内偏移600mm，然后再向内偏移50mm，如下左图所示。

步骤 08 使用推拉工具将外框向上推拉400mm、内部框向上推拉800mm、内部向上推拉650mm，如下右图所示。

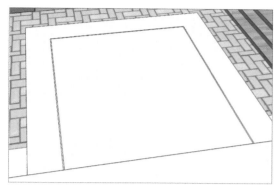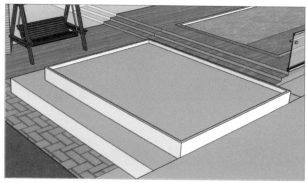

步骤 09 在"默认面板"面板的"材料"选项区域中选择"园林绿化、地被层和植被"选项，在下拉列表框中选择"模糊植被"材质选项，将其赋予植被上。在"默认面板"的"材料"选项区域中选择"木质纹"选项，在下拉列表框中选择"饰面木板 01"材质选项，将其赋予木板上，如下左图所示。

步骤 10 使用直线工具和推拉工具制作出楼梯，如下右图所示。

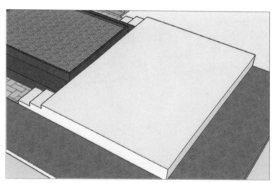

步骤 11 执行移动和复制操作，将玻璃围挡设置好，如下左图所示。

步骤 12 在"默认面板"的"材料"选项区域中选择"砖、覆层和壁板"选项，在下拉列表框中选择"多色石块"材质选项，赋予到地板上，如下右图所示。

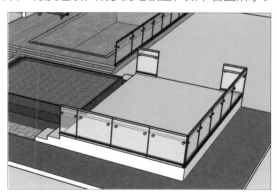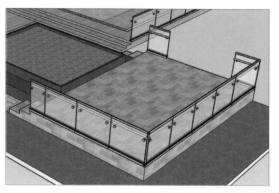

步骤 13 将"组件.skp"中的家具摆放在合适的位置，如下左图所示。

步骤 14 使用直线工具和推拉工具制作出另一侧搂梯，如下右图所示。

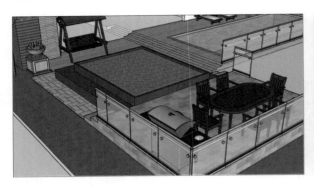
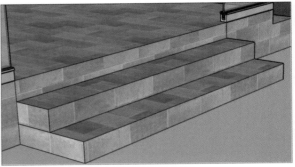

8.6 制作廊架

本节介绍在游泳池外侧制作廊架的操作方法。该廊架是木质的，所以使用矩形工具和推拉工具制作模型后，还需要赋予木质的材质，具体操作步骤如下。

步骤 01 首先使用直线工具将区域划分出来，如下左图所示。

步骤 02 在"默认面板"的"材料"选项区域中选择"园林绿化、地被层和植被"选项，在下拉列表框中选择"人造草被"材质选项，将其赋予植被上，如下右图所示。

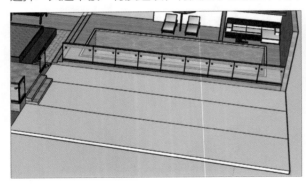

步骤 03 接着将路面复制出来，如下左图所示。

步骤 04 使用矩形工具绘制一个200mm*200mm的矩形，如下右图所示。

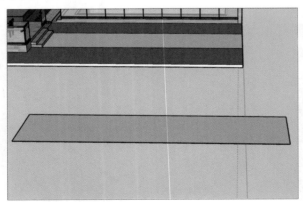
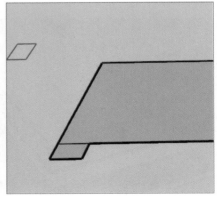

步骤 05 执行移动和复制操作，将柱摆放在合适的位置，如下左图所示。

步骤 06 使用推拉工具将路面抬高10mm，如下右图所示。

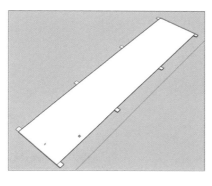
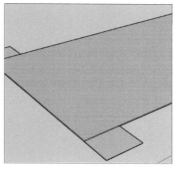

步骤 07 使用推拉工具将矩形向上推拉2500mm，如下左图所示。

步骤 08 使用矩形工具在支柱上绘制200mm*200mm的矩形，如下右图所示。

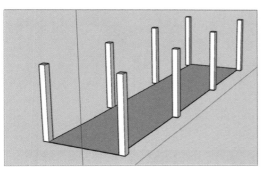
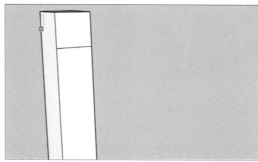

步骤 09 使用推拉工具将支柱连起来，如下左图所示。

步骤 10 重复之前操作，将另一边做成下右图所示的效果。

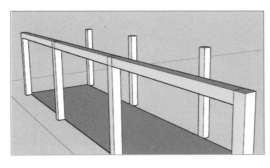
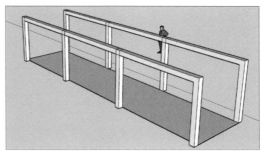

步骤 11 使用偏移工具将支柱上方的矩形向内偏移20mm，如下左图所示。

步骤 12 使用推拉工具将内部矩形向上推拉120mm，如下右图所示。

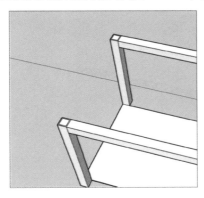
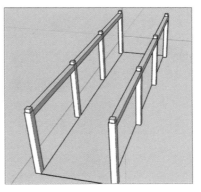

步骤13 使用推拉工具将两个矩形体连接在一起，如下左图所示。

步骤14 全选所有模型，在"默认面板"的"材料"选项区域中选择"木质纹"选项，在下拉列表框中选择"木材接头"材质选项后，执行材质赋予操作，如下右图所示。

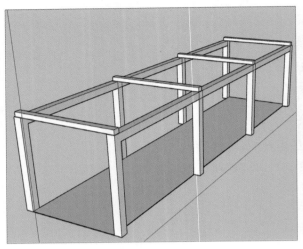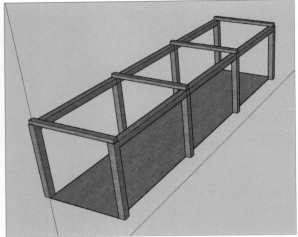

步骤15 使用矩形工具制作一个2450mm*100mm的矩形，如下左图所示。

步骤16 使用推拉工具将矩形向上推拉70mm，如下右图所示。

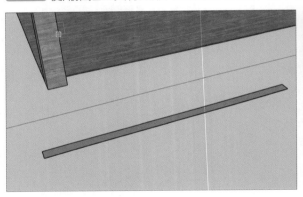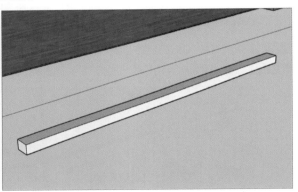

步骤17 全选矩形，在"默认面板"的"材料"选项区域中选择"木质纹"选项，在下拉列表框中选择"饰面木板 01"材质选项，然后将其赋予矩形上，如下左图所示。

步骤18 切换至"编辑"选项卡，将木质纹改为黑色，如下右图所示。

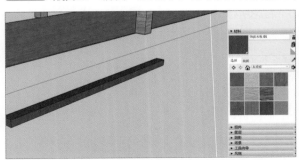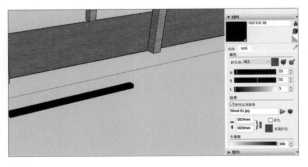

步骤19 全选所有模型，单击鼠标右键，在快捷菜单中选择"创建组件"命令，如下左图所示。

步骤20 使用移动工具将组件放入廊架，如下右图所示。

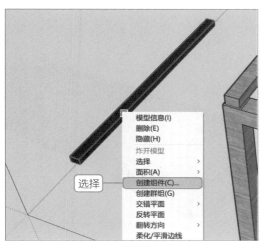
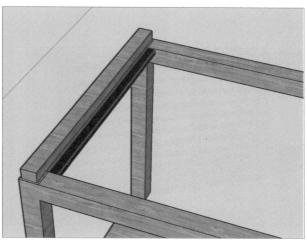

步骤 21 执行复制操作，将其整齐地摆放，如下左图所示。

步骤 22 使用相同的方法完成其他面，如下右图所示。

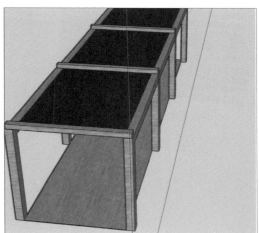

步骤 23 使用移动工具将其中一个支柱放到廊架其中一面，如下左图所示。

步骤 24 执行缩放操作，将其放大成合适的大小，如下右图所示。

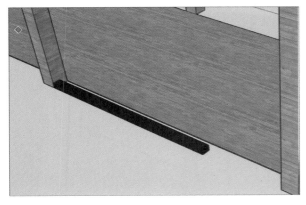
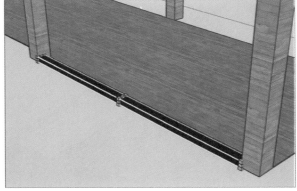

步骤 25 执行复制操作，将其布置在廊架一边，如下左图所示。

步骤 26 使用相同的方法将其他面封上，如下右图所示。

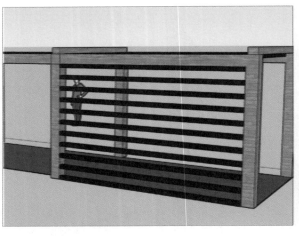 

步骤27 使用矩形工具制作一个3500mm*500mm的矩形，如下左图所示。

步骤28 使用推拉工具将矩形向上推拉50mm，如下右图所示。

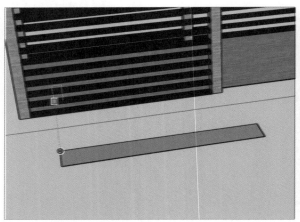 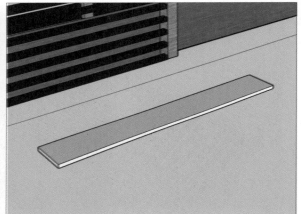

步骤29 使用偏移工具在矩形体底面向内偏移80mm，如下左图所示。

步骤30 使用推拉工具向下推拉500mm，如下右图所示。

 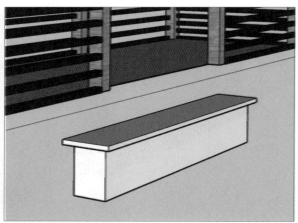

步骤31 全选所有模型，吸取黑色的木质纹赋予座椅并执行成组操作，如下左图所示。

步骤32 执行复制和移动操作，将木椅摆放到廊架中，如下右图所示。

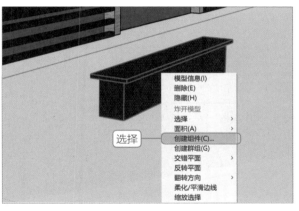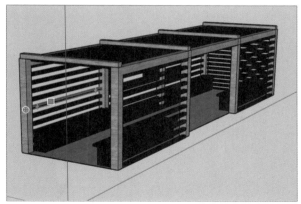

步骤 33 全选所用模型，执行成组操作，如下左图所示。

步骤 34 使用之前的方法放入各自窗框中，效果如下右图所示。

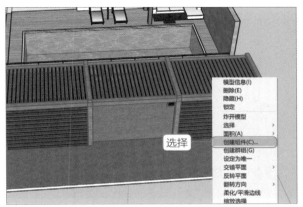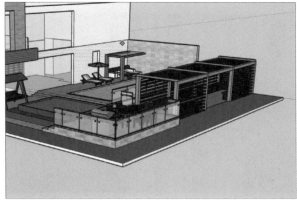

8.7 细节布置

本节将介绍在私家庭院周围添加相关的绿值、花坛等装饰的操作方法，具体步骤介绍如下。

步骤 01 首先使用之前的树组件布置一下绿化带，效果如下图所示。

步骤 02 接着将灯具布置在庭院中间，如下图所示。

步骤 03 使用复制工具和移动工具将小品放在花坛四角，如下左图所示。

步骤 04 将大型花坛放入花坛中心，如下右图所示。

步骤 05 在"默认面板"的"雾化"选项区域中勾选"显示雾化"复选框，如右图所示。

步骤 06 最终效果如下图所示。

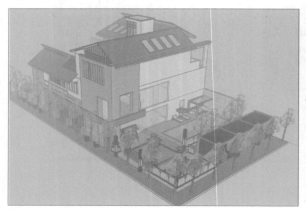 

Chapter 09 花园广场效果设计

本章概述

花园广场是供人们锻炼、休闲娱乐的场地。环境优美、设计合理，人们可以在其中游玩和休息。本案例主要介绍圆形广场、步道、绿化池等效果的设计，使花园广场各区域分布更人性化。

核心知识点

❶ 掌握绿化池的设计要点
❷ 掌握园形广场的设计要点
❸ 掌握步道的设计要点
❹ 掌握广场环境的设计要点

9.1 文件导入处理

本节主要介绍如何将CAD文件导入到SketchUp中，并经过相关处理最终制作成地形图，下面介绍具体操作方法。

步骤 01 打开AutoCAD软件文件，清除图上树、人和设施等不必要的物品，仅保留平面图，如下左图所示。

步骤 02 将文件命名并保存在合适位置，在"文件类型"中选择保存格式（保存格式不要高于SketchUp版本，例如SketchUp2017无法打开AutoCAD2018的格式文件），如下右图所示。

步骤 03 打开SketchUp软件，使用导入操作将"广场公园.dwg"导入到SketchUp内，如下左图所示。

步骤 04 全选导入后的AutoCAD文件，单击鼠标右键，在快捷菜单中选择"炸开模型"命令，重复多次直至无法选择"炸开模型"命令，如下右图所示。

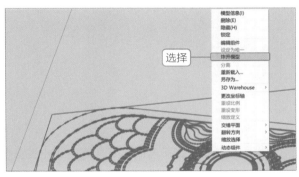

步骤 05 使用直线工具修复面中的描线法（描其中的一条线）可以将大部分面封上，如下左图所示。

步骤 06 由于AutoCAD导入问题或者SketchUp自身问题，有些面需要用其他方法封上，如下右图所示。

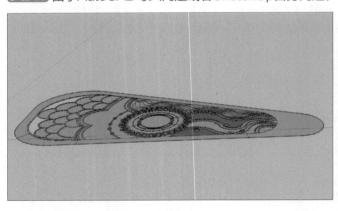 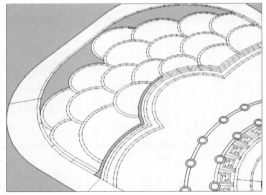

步骤 07 分割法：使用直线将大型的面分割成一个个小型面用以封面，如下左图所示。

步骤 08 重复多次分割直至面被完全封上，再删除分割线，如下右图所示。

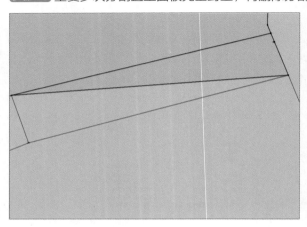 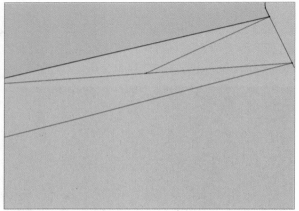

步骤 09 重画法：删除掉原本错误的线，如下左图所示。

步骤 10 全选导入后的AutoCAD文件，单击鼠标右键，在快捷菜单中选择"炸开模型"命令，重复多次直至无法选择"炸开模型"命令，如下右图所示。

 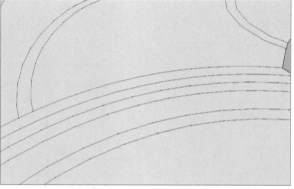

步骤 11 去线头法：由于AutoCAD绘制时的一些习惯，会导致多出一些线头使面无法封上，如下左图所示。

步骤 12 删除线头，重新描边便可以封面，如下右图所示。

 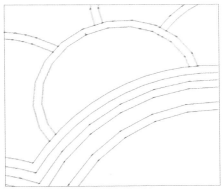

步骤13 全部面封上之后有些面呈现灰色（反面），选择其中一个白面并单击鼠标右键，在快捷菜单中选择"确定平面的方向"命令，如下左图所示。

步骤14 所有面调整为正面，地形图封面完成，如下右图所示。

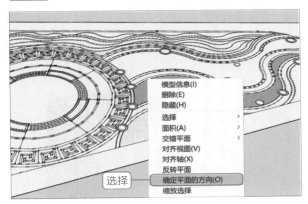 

9.2 制作绿化池

本节将介绍如何对花园广场的绿化区域进行植被和绿植的添加操作，然后再介绍将相关的台阶和地面进行处理，并应用不同的材质的操作方法。具体操作步骤介绍如下。

步骤01 首先将视角移至广场区域，如下左图所示。

步骤02 使用推拉工具将台阶拉起来，台阶高差为100mm，如下右图所示。

 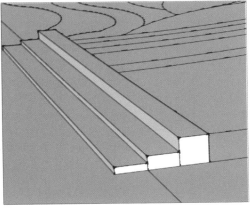

步骤 03 在"默认面板"的"材料"选项区域中选择"园林绿化、地被层和植被"选项，在下拉列表框中选择"灰色石板石材铺面"材质选项，填充在台阶上，如下左图所示。

步骤 04 使用推拉工具将其他面拉至最后一层台阶的高度，如下右图所示。

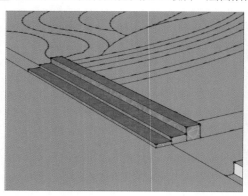 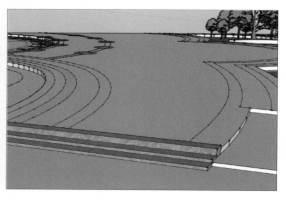

步骤 05 在"默认面板"的"材料"选项区域中选择"砖、覆层和壁板"选项，在下拉列表框中选择"白色灰泥覆层"材质选项，填充在四个区域，如下左图所示。

步骤 06 在"默认面板"的"材料"选项区域中选择"砖、覆层和壁板"选项，在下拉列表框中选择"粗糙正方形混凝土块"材质选项，填充在两个区域，如下右图所示。

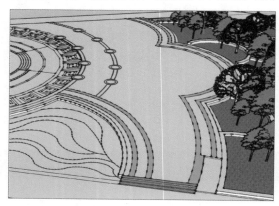 

步骤 07 在"默认面板"的"材料"选项区域中选择"园林绿化、地被层和植被"选项，在下拉列表框中选择"车道砖块铺面"材质选项，填充在四个区域，如下左图所示。

步骤 08 在"默认面板"的"材料"选项区域中选择"石头"选项，在下拉列表框中选择"花岗岩"材质选项，填充在圆环上，如下右图所示。

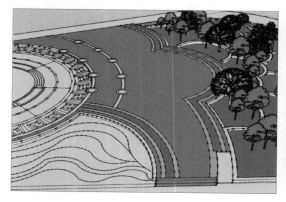 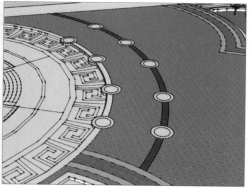

9.3 制作圆形广场

本节主要介绍圆形广场效果的设计，首先为广场的不同部分应用石头材质，然后在广场周边制作花坛并添加绿值等。下面介绍具体操作方法。

步骤 01 首先将视角移至圆形广场，如下左图所示。

步骤 02 使用推拉工具将圆形广场拉至广场的高度，如下右图所示。

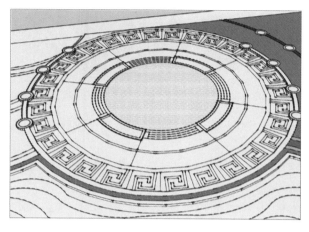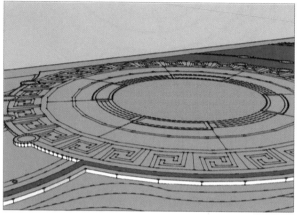

步骤 03 在"默认面板"的"材料"选项区域中选择"石头"选项，在下拉列表框中选择"花岗岩"材质选项，填充在圆环上，如下左图所示。

步骤 04 在"默认面板"的"材料"选项区域中选择"石头"选项，在下拉列表框中选择"大理石"材质选项，填充在花砖上，如下右图所示。

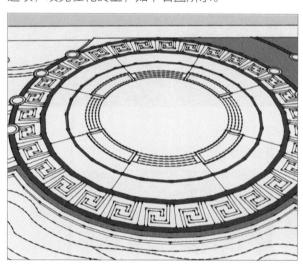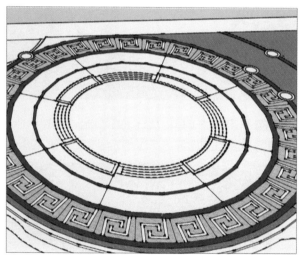

步骤 05 在"默认面板"的"材料"选项区域中选择"石头"选项，在下拉列表框中选择"土灰色花岗岩"材质选项，填充在花砖其余部分上，如下左图所示。

步骤 06 在"默认面板"的"材料"选项区域中选择"石头"选项，在下拉列表框中选择"浅灰色花岗岩"材质选项，填充在内部圆环上，如下右图所示。

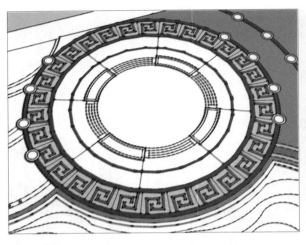 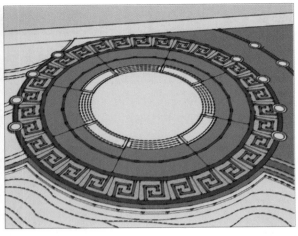

步骤07 在"默认面板"的"材料"选项区域中选择"石头"选项，在下拉列表框中选择"砂岩"材质选项，填充在花坛外部，如下左图所示。

步骤08 使用推拉工具将花坛外圈向上推拉500mm(之前赋予材质可以保证推拉出的面也赋予材质，不需要重新一一填充)，如下右图所示。

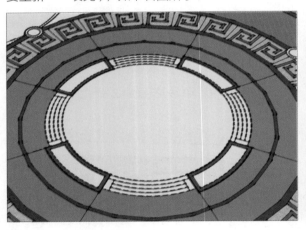 

步骤09 使用推拉工具将花坛第二层向上推拉600mm，如下左图所示。

步骤10 使用推拉工具将花坛第三层向上推拉700mm，如下右图所示。

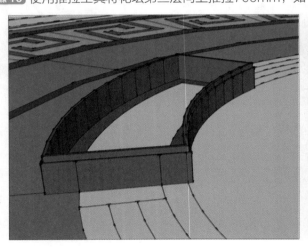 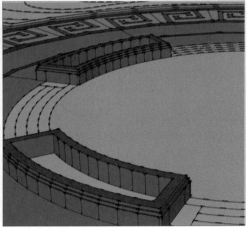

步骤 11 使用推拉工具将花坛绿地区域向上推拉500mm，如下左图所示。

步骤 12 在"默认面板"的"材料"选项区域中选择"园林绿化、地被层和植被"选项，在下拉列表框中选择"皂荚植被"材质选项，填充在绿地上，如下右图所示。

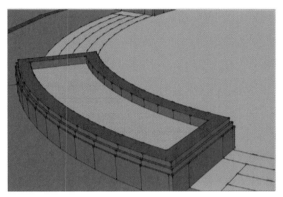
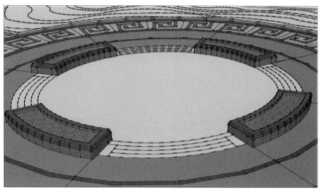

步骤 13 在"默认面板"的"材料"选项区域中选择"园林绿化、地被层和植被"选项，在下拉列表框中选择"灰色石板石材铺面"材质选项，填充在台阶上，如下左图所示。

步骤 14 使用推拉工具将台阶按150mm间隔推拉，如下右图所示。

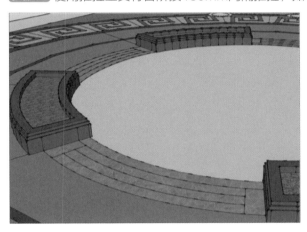
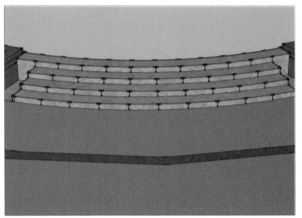

步骤 15 在"默认面板"的"材料"选项区域中选择"园林绿化、地被层和植被"选项，在下拉列表框中选择"字纹砖铺面"材质选项，填充在花砖其余部分上，如下左图所示。

步骤 16 使用推拉工具将广场拉至台阶最高处，如下右图所示。

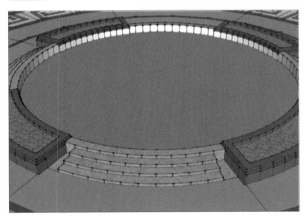
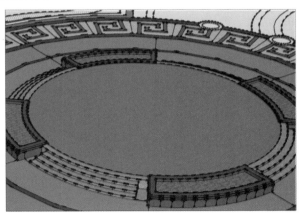

9.4 制作步道

　　本节主要介绍花园广场步道的设计要点，主要包括为各道路应用不同的材质，并在周边设置绿化。下面介绍具体操作方法。

步骤 01 首先将视角移至步道，如下左图所示。

步骤 02 使用推拉工具将步道拉至与广场同一高度，如下右图所示。

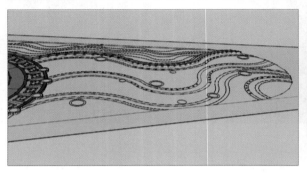 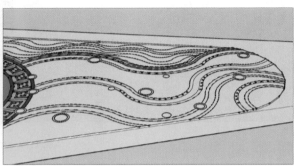

步骤 03 使用材质的吸取功能吸取之前广场的材质并填充到步道的主路上，如下左图所示。

步骤 04 吸取之前辅路材质并赋予辅路上，如下右图所示。

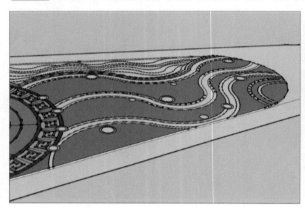 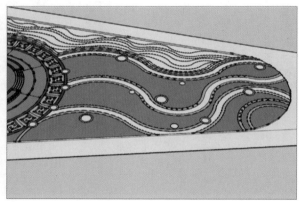

步骤 05 吸取辅路主路材质赋予步道辅路主路，如下左图所示。

步骤 06 在"默认面板"的"材料"选项区域中选择"砖、覆层和壁板"选项，在下拉列表框中选择"粗糙正方形混凝土块"材质选项，填充在圆环外环上，如下右图所示。

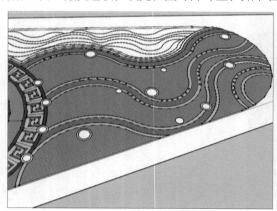 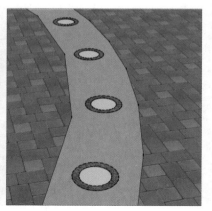

步骤 07 在"默认面板"的"材料"选项区域中选择"指定色彩"材质选项，在下拉列表框中选择"056黄色"选项，填充在圆环内环上，如下左图所示。

步骤 08 将视角移动至绿化带，如下右图所示。

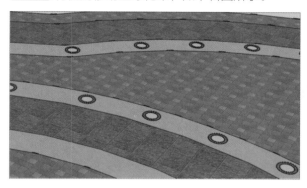
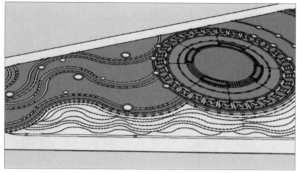

步骤 09 在"默认面板"的"材料"选项区域中选择"园林绿化、地被层和植被"选项，在下拉列表框中选择"人造草被"材质选项，将其赋予绿地上，如下左图所示。

步骤 10 使用推拉工具制作出层次感，效果如下右图所示。

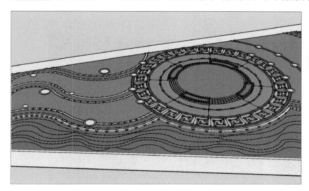
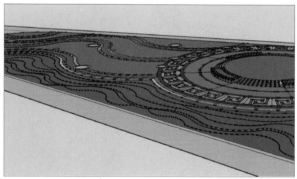

9.5 布置环境

花园广场主要结构设计完成后，还需要添加其他修饰元素，如亭子、绿植、座椅等。下面介绍具体操作方法。

步骤 01 将"素材.skp"中的廊架导入到SketchUp中，如下左图所示。

步骤 02 使用移动工具和旋转工具将其摆放在下右图所示的位置。

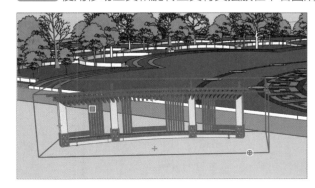
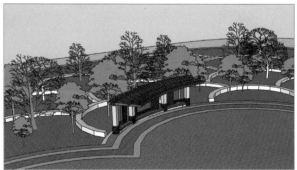

步骤 03 使用同样的方法将亭子摆放在下左图所示的位置。

步骤 04 导入"素材.skp"中的树池，如下右图所示。

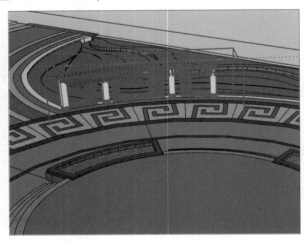

步骤 05 使用移动工具和复制操作将它们放置在下图所示的位置。

步骤 06 导入"素材.skp"中的灌木丛，如下左图所示。

步骤 07 使用移动工具和旋转工具放置在花坛上，如下右图所示。

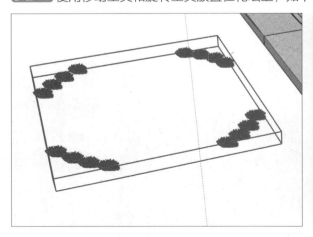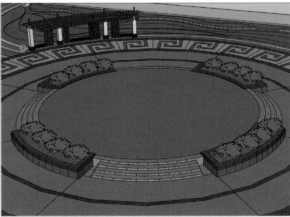

步骤 08 导入"素材.skp"中的座椅，如下左图所示。

步骤 09 使用移动工具将其摆放在合适的位置，如下右图所示。

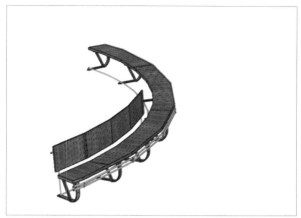

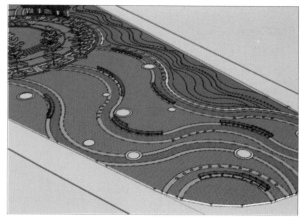

步骤 10 在"默认面板"的"材料"选项区域中选择"园林绿化、地被层和植被"选项，在下拉列表框中选择"人造草被"材质选项，将其赋予绿地上，如下左图所示。

步骤 11 在"默认面板"的"材料"选项区域中选择"园林绿化、地被层和植被"选项，在下拉列表框中选择"4 英寸鹅卵石地被层"材质选项，将其赋予绿地外环上，如下右图所示。

步骤 12 将"素材.skp"中的树木放置在树池内，如下左图所示。

步骤 13 使用同样的方法将绿地种满树。至此，花园广场设计完成，效果如下右图所示。

课后练习答案

Chapter 01

1. 选择题

(1) B   (2) D   (3) D   (4) C

2. 填空题

(1) 园林景观设计，建筑方案设计，城市规划，
工业设计，室内设计，木工工程

(2) 等轴视图，俯视图，前视图，右视图，后视图，
左视图

(3) 一般选择，框选与叉选，扩展选择

(4) 标题栏，菜单栏，工具栏，状态栏，
数值输入框，绘图区

(5) 广泛性，简易性，专业性，通用性，高效性，
直观性

Chapter 02

1. 选择题

(1) C   (2) A   (3) D   (4) B

2. 填空题

(1) 量角器工具，文字标注工具，三维文字工具

(2) 路径，平面

(3) 等比缩放模型

(4) 双击鼠标左键

Chapter 03

1. 选择题

(1) A   (2) A   (3) B   (4) C

2. 填空题

(1) 联合工具，减去工具，外壳工具

(2) 根据等高线，根据网格

(3) 接受投影，投射投影

(4) 锁定群组

Chapter 04

1. 选择题

(1) B   (2) A   (3) C   (4) B

2. 填空题

(1) 颜色

(2) 色轮，HLS，HSB，GRB

(3) 贴图

(4) 长和宽

Chapter 05

1. 选择题

(1) C   (2) A

2. 填空题

(1) jpg，png，bmp

(2) PNG